BEI GRIN MACHT SICH IHR WISSEN BEZAHLT

- Wir veröffentlichen Ihre Hausarbeit,
  Bachelor- und Masterarbeit

- Ihr eigenes eBook und Buch -
  weltweit in allen wichtigen Shops

- Verdienen Sie an jedem Verkauf

Jetzt bei www.GRIN.com hochladen
und kostenlos publizieren

Bibliografische Information der Deutschen Nationalbibliothek:

Die Deutsche Bibliothek verzeichnet diese Publikation in der Deutschen National-
bibliografie; detaillierte bibliografische Daten sind im Internet über http://dnb.d-
nb.de/ abrufbar.

Impressum:

Copyright © 2014 GRIN Verlag, Open Publishing GmbH
Druck und Bindung: Books on Demand GmbH, Norderstedt Germany
ISBN: 978-3-656-76674-2

Dieses Buch bei GRIN:

http://www.grin.com/de/e-book/282370/tiere-der-urzeit

Ernst Probst

Tiere der Urzeit

Rekorde von Insekten, Fischen, Amphibien, Reptilien, Vögeln und Säugetieren

GRIN Verlag

Flugsaurier Scaphognathus,
Illustration von Georg August Goldfuss (1782–1848)
aus den 1830-er Jahren

Ernst Probst

TIERE DER URZEIT

Rekorde von Insekten, Fischen,
Amphibien, Reptilien,
Vögeln und Säugetieren

INHALT

*Lebensbild von Ammoniten,
Zeichnung von Heinrich Harder*

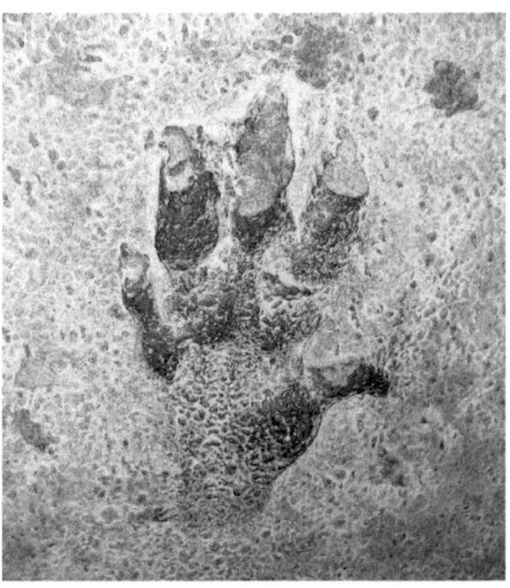

*Fußabdruck eines „Handtieres"
aus der Triaszeit*

*Lebensbild von Fischsauriern,
Zeichnung von Heinrich Harder*

*Ei eines Elefantenvogels (Aepyornis),
Zeichnung von Antje Püpke*

*Lebensbild von Chalicotherium,
Zeichnung von Dmitry Bogdanov*

Lebensbild eines Höhlenlöwen,
Zeichnung von Heinrich Harder

Lebensbild eines Mammuts,
Zeichnung von Heinrich Harder

Erdgeschichtliche Zeittafel

Erdzeitalter	Periode	Epoche	Beginn vor Millionen Jahren
	Quartär	Holozän	0,010
		Pleistozän	2,3
	Neogen	Pliozän	5,3
		Miozän	23
Erdneuzeit (Känozoikum)	Paläogen	Oligozän	34
		Eozän	53
		Paläozän	65
	Kreide	Ober	95
		Unter	135
	Jura	Ober (Malm)	152
		Mittel (Dogger)	180
		Unter (Lias)	205
Erdmittelalter (Mesozoikum)	Trias	Ober (Keuper)	231
		Mittel (Muschelkalk)	238
		Unter (Buntsandstein)	250
	Perm	Ober (Zechstein)	260
		Unter (Rotliegendes)	290
	Karbon	Ober (Silesium)	325
		Unter (Dinantium)	355
	Devon	Ober	375
		Mittel	387
		Unter	410
	Silur	Ober	424
		Mittel	428
		Unter	436
	Ordovizium	Ober	455
		Unter	510
Erdaltertum (Paläozoikum)	Kambrium	Ober	523
		Mittel	540
		Unter	570
Präkambrium			4600

Vorwort

Lebensbild von Flugsauriern,
Zeichnung von Heinrich Harder

Wann tauchten die ersten Saurier im Meer, auf dem Land und in der Luft, die frühesten Schildkröten, Krokodile, Vögel, Affen, Elefanten, Löwen und Pferde auf? Auf all diese und viele andere Fragen gibt das Taschenbuch „Tiere der Urzeit" des Wiesbadener Wissenschaftsautors Ernst Probst eine Antwort. Es stellt die ersten und größten Insekten, Fische, Amphibien, Reptilien (darunter Meeres-, Dino- und Flugsaurier), fliegenden und flugunfähigen Vögel sowie die ersten Säugetiere in Wort und oft auch mit Bild vor.

Das Wissen über diese Rekorde aus der Urzeit ist in unzähligen Büchern, Fachpublikationen, Zeitungs- und Zeitschriftenartikeln verstreut, die häufig den Laien nicht bekannt, zugänglich und manchmal auch nicht verständlich sind, da sie in fremden Sprachen oder einer zu wissenschaftlichen Sprache abgefasst wurden. Das Material für dieses Taschenbuch wurde durch intensives Literaturstudium in Fachbibliotheken, durch Briefe und Gespräche mit Spezialisten zusammengetragen und in allen Fällen überprüft. Ohne die Hilfe und Beratung von Experten wäre diese Aufgabe nicht zu lösen gewesen.

Jeder der erwähnten Rekorde aus der Urzeit kann allerdings durch einen neuen spektakulären Fund übertroffen werden. Denn die Erforschung der Vergangenheit von Tieren steht nicht still. Was heute gilt, kann manchmal morgen schon überholt sein. So ist dieses Taschenbuch lediglich der Versuch einer Momentaufnahme des gegenwärtigen Wissensstandes.

Der Inhalt dieses Taschenbuches ist weitgehend ein Auszug des Werkes „Rekorde der Urzeit" (1992) in alter deutscher Rechtschreibung bei C. Bertelsmann mit Ergänzungen. Im Gegensatz zu diesem Werk werden hier aber die Rekorde aus der Entwicklungsgeschichte vom affenähnlichen Vormenschen zum vernunftbegabten Jetztmenschen nicht behandelt.

Tiere der Urzeit

Säbelzahnkatze Homotherium
aus dem Eiszeitalter,
Zeichnung: Shuhei Tamura, Japan

Lebensbild von Trilobiten,
Zeichnung des Berliner Tiermalers Heinrich Harder (1858–1935)

Die ersten Quallen, Ringelwürmer und Seefedern existierten gegen Ende des Präkambriums vor etwa 700 Millionen Jahren. Abdrücke von ihnen hat man vor allem in den Ediacara-Bergen in Südaustralien entdeckt.

Die ersten Trilobiten lebten während des Kambriums vor etwa 570 bis 510 Millionen Jahren in den damaligen küstennahen Flachmeeren. Ihr Name bezieht sich auf die Dreigliederung des Körpers in der Längs- und Querrichtung. Der Länge nach wird der Panzer in Kopfschild (Cephalon), Rumpf (Thorax) und Schwanzschild (Pygidium) gegliedert. Der Quere nach unterscheidet man einen mittleren Teil (Rhachis), an den sich links und rechts je ein Seitenteil (Pleura) anschließt. Die Trilobiten oder Dreilapper ähnelten teilweise großen heutigen Asseln oder Krebsen ohne Scheren. Sie ernährten sich vermutlich von organischem Schlamm oder von Kleinorganismen. Mit ihren Beinen konnten sie auf dem Meeresgrund kriechen, aber auch schwimmen. Wenn der harte Panzer für den wachsenden Weichkörper zu eng wurde, häuteten sich die Trilobiten. Dies geschah bis zu 30 Mal in ihrem Leben. Trilobiten sind in Norddeutschland häufig aus eiszeitlichen Geschieben kambrischer Gesteine bekannt, die von skandinavischen Gletschern hierher verfrachtet wurden. Kambrische Trilobiten wurden auch im Frankenwald und in Schlesien in dort vorkommenden Schiefern gefunden. Von den bisher aus den Meeren des Kambriums vorliegenden 3000 Tierarten entfallen etwa 60 Prozent auf Trilobiten, etwa 30 Prozent auf Armfüßer und der Rest auf andere Wirbellose. Reiche Vorkommen von Trilobiten gab es später auch in der Devonzeit vor etwa 410 bis 355 Millionen Jahren in der Eifel.

Die ersten Armfüßer (Brachiopoden) erschienen in den Meeren des Kambriums vor etwa 570 bis 510 Millionen Jahren. Mehrere Gattungen leben auch heute noch. Bei den Armfüßern bedecken die muschelähnlichen Schalenklappen die Rücken- und Bauchseite, während bei den Muscheln die linke und die rechte Körperseite von Schalen geschützt sind. Die kambrischen Armfüßer waren mit einem Fadenbüschel am Meeresgrund oder mit der Schalenfläche an festen Gegenständen angewachsen. Die damals vertretene Gattung *Lingula* existiert heute noch und gilt daher als ein „lebendes Fossil".

Die ersten Kopffüßer (Cephalopoden) schwammen in den Meeren des Kambriums vor etwa 570 bis 510 Millionen Jahren. Charakteristisch bei ihnen ist ein deutlich vom übrigen Weichkörper abgesetzter, mit Fangarmen ausgestatteter Kopf. Der Körper wird von einem gekammerten Gehäuse umgeben, in dem der vorderste Abschnitt die Wohnkammer darstellt. Die Kopffüßer gelten als die am höchsten entwickelten Weichtiere (Mollusken). Sie werden heute durch das Perlboot *Nautilus* und

Perlboot Nautilus im „Aquarium Berlin",
Foto von J. Baecker bei „Wikipedia"

die Tintenfische repräsentiert. Unter letzteren erreicht der Riesen-Kalmar *Architheutis* eine Länge von maximal 20 Meter, er ist der größte Kopffüßer der Gegenwart.

Die ersten Stachelhäuter (Echinodermata) sind in Meeresablagerungen aus dem Kambrium von etwa 570 bis 510 Millionen Jahren nachgewiesen. Ihr Name fußt darauf, daß viele ihrer Formen bewegliche Stacheln entwickelten. Typisch für die Stachelhäuter ist der fünfstrahlige Körperbau, der bei den Seesternen am meisten auffällt. Im Kambrium waren die Stachelhäuter durch einfache Seelilien (Crinoidea), Seesterne (Asteroidea) und Beutelstrahler (Cystoidea) vertreten.

Zu den geheimnisvollsten Wirbellosen aus dem Kambrium vor etwa 570 bis 510 Millionen Jahren gehört das Gliedertier *Xenusion*. Es hat einen raupenartigen Tierkörper, beiderseits Körperanhänge und auf dem Rücken eine doppelte Stachelreihe. Bei den bisher in Nord- und Mitteldeutschland entdeckten Fossilien von *Xenusion* fehlt jeweils das Kopfende, was die Identifizierung dieses Meerestieres erschwert. Es besitzt Merkmale von Gliederfüßern und von Ringelwürmern.

Die ersten Nautiloideen bewegten sich im Ordovizium vor etwa 510 bis 436 Millionen Jahren nach dem Rückstoßprinzip in Meer. Sie gehören zu den Kopffüßern. Die Nautiloideen sogen

Wasser ein und stießen es dann aus der Mantelhöhle durch einen Trichter aus, durch den Rückstoß trieben sie in die entgegengesetzte Richtung. Diese Fortbewegungsart wird heute noch durch das im Indischen und westlichen Pazifischen Ozean verbreitete Perlboot *Nautilus pompilius* praktiziert. Es gilt als der einzige noch lebende Vertreter der Nautiloideen und damit als ein „lebendes Fossil".

Die ersten Graptolithen bildeten während des Ordoviziums vor etwa 510 bis 436 Millionen Jahren im Meer ihre mehr als 1 Meter hohen Kolonien. Graptolithen heißt zu deutsch „Schriftsteine". Dies erinnert daran, daß die Graptolithen manchmal auf Schiefergesteinen wie Schriftzeichen aussehen. Die Kolonien der Graptolithen besaßen biegsame, aus chitinähnlichem Material bestehende Hartteile (Rhabdosomen), die wie Laubsägeblätter wirken. In jedem der zahnförmigen Gebilde lebte ein zumeist weniger als 1 Millimeter großes Einzeltier. Es streckte einen Kranz von Tentakeln heraus, mit denen es winzige Lebewesen aus dem Wasser filterte. Diese Tiere sind seit dem Karbon vor etwa 360 bis 290 Millionen Jahren ausgestorben.

Die ersten Korallen (auch Anthozoa oder „Blumentiere" genannt) bildeten im Silur vor etwa 436 bis 410 Millionen Jahren Kelche und Stöcke im Meer. Da Riffkorallen heute an hohe Wassertemperaturen und hohen Salzgehalt

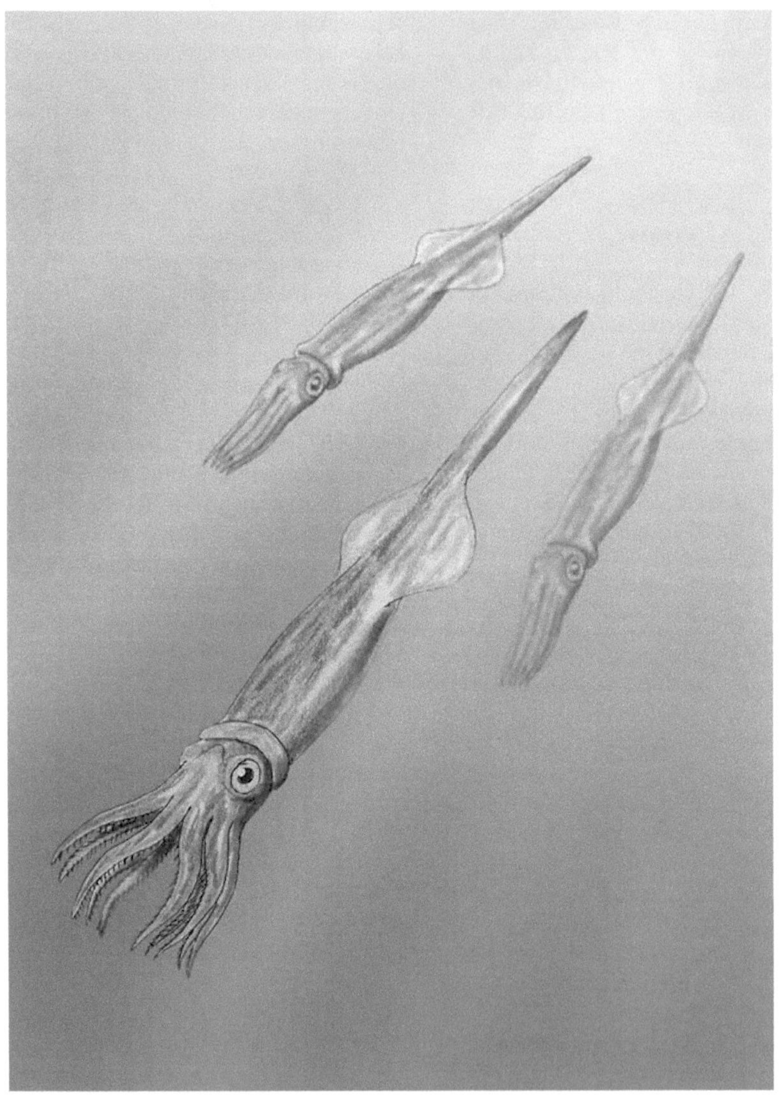

Lebensbild von Belemniten,
Zeichnung von Dmitry Bogdanov bei „Wikipedia"

angepasst sind, gibt dies vielleicht einen Anhaltspunkt für besonders warmes und salzhaltiges Meerwasser im Silur und allen nachfolgenden Zeiten, in welchen das Vorkommen von Riffkorallen nachgewiesen ist.

Die frühesten Skorpione auf dem Land lebten im Silur vor etwa 436 bis 410 Millionen Jahren. Sie haben im Gefolge der ersten Landpflanzen vom Meer aus das Festland erobert.

Die größten Meeresskorpione jagten im Devon vor etwa 390 Millionen Jahren durch das Urmeer, das damals Teile von Deutschland bedeckte. Diese Urskorpione gehörten zur Art *Jaekelopterus rhenaniae* und waren bis zu 2,50 Meter lang. Fossile Reste solcher Riesenskorpione entdeckte man in einem Steinbruch von Willwerath bei Prüm in der Eifel (Rheinland-Pfalz). Besonders eindrucksvoll wirkt die 46 Zentimeter lange Klaue eines solchen gigantischen Meeresskorpions. Meeresskorpione gelten als Vorfahren der Skorpione, möglicherweise sogar als Vorfahren aller Spinnentiere. Bisher ist umstritten, warum urzeitliche Gliederfüßer wesentlich größer gewesen sind als die heute lebenden Tiere. Manche Wissenschaftler meinen, daß sie infolge der höheren Sauerstoffkonzentration in der Atmosphäre größer werden konnten. Andere Experten vermuten, daß sich die Meeresskorpione parallel zu ihren Beutetieren, den Panzerfischen, entwickelten.

Die ersten an Land lebenden Spinnen haben im Silur vor etwa 436 bis 410 Millionen Jahren existiert. Diese Tiere hielten sich zuvor im Meer auf.

Die ersten an Land heimischen Tausendfüßer gab es ab dem Silur vor etwa 436 bis 410 Millionen Jahren. Ihr Lebensraum war zuvor das Meer gewesen.

Zu den ältesten und schönsten Seelilienfunden aus dem Devon gehören diejenigen, die vor mehr als 390 Millionen Jahren im Hunsrückschiefer-Meer existierten. Besonders prächtige Funde werden im Schloßpark-Museum von Bad Kreuznach in Rheinland-Pfalz aufbewahrt. Bisher sind aus Ablagerungen des HunsrückschieferMeeres mehr als 60 Seelilien-Arten bekannt. Sie hatten vielleicht zu ihren Lebzeiten ähnliche Farben wie ihre heutigen Vertreter, die zarte rote, blaue und gelbe Tönungen aufweisen.

Zu den ältesten Ammoniten gehören die Goniatiten aus dem Devon vor mehr als 390 Millionen Jahren. Solche zu den Kopffüßern zählenden Tiere schwammen auch im Hunsrückschiefer-Meer. Die Goniatiten hatten im Gegensatz zu den Ammoniten aus späteren Epochen der Erdgeschichte lose gewundene Gehäuse, in denen der Weichkörper steckte

Die ersten Belemniten lebten in den Meeren der Karbonzeit, die vor etwa

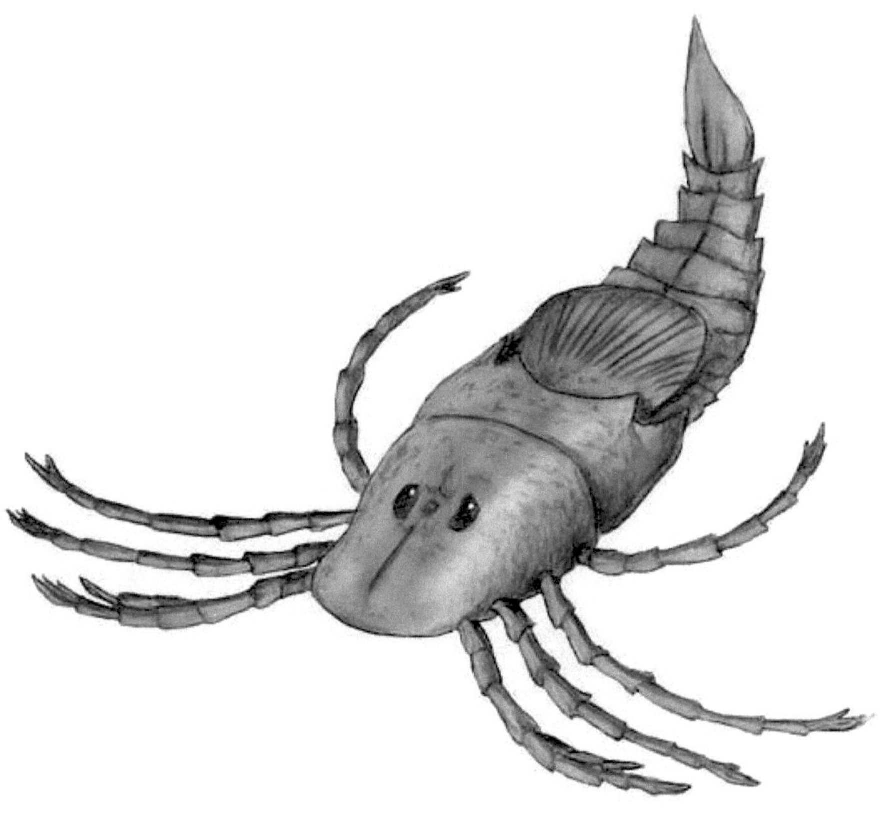

Lebensbild von Megarachne,
Zeichnung von Nobu Tamura (http://spinops.blogspot.com)
bei „Wikipedia"

355 Millionen Jahren begann und vor etwa 290 Millionen Jahren endete. Sie gehören zu den Tintenfischen, sind aber mit deren heutigen Formen nicht näher verwandt. Die Belemniten werden auch „Donnerkeile" genannt, weil ihre kalkigen Innenskelette wie Geschosshülsen aussehen. Größere Vorkommen von Belemniten sind in früheren Jahrhunderten als ehemalige Schlachtfelder fehlgedeutet worden. Gut erhaltende Funde aus der Jurazeit vor etwa 190 Millionen Jahren von Holzmaden klärten die Frage, wie die Weichteile von Belemniten gestaltet waren. Demnach hatte ein Belemnitentier zehn Arme, von denen jeder mit einer Zweierreihe von Chitinhäkchen bewehrt war. Damit konnte ein Beutetier festgehalten werden. Zwei dieser Arme übertrafen die übrigen acht merklich an Länge. Am Ende von ihnen befand sich jeweils ein etwa 3 bis 5 Zentimeter langer Fanghaken, mit dem Beutetiere ergriffen werden konnten.

Als eines der größten wirbellosen Tiere in den Sumpfwäldern der Karbonzeit vor mehr als 290 Millionen Jahren gilt das Gliedertier *Arthropleura*. Dieses tausendfüßerähnliche Tier erreichte eine Länge von bis zu 2,30 Meter. Es fraß das weiche Holz der Stämme und Äste abgestorbener, am Boden liegender Bäume. Reste von *Arthropleura* sind aus dem Saarland, Nordrhein-Westfalen, Sachsen und Thüringen bekannt. Der bisher größte Fund eines solchen Gliedertieres kam 1999 bei Manebach in Thüringen zum Vorschein.

Die ersten Notostraken sind seit dem Karbon ab etwa 300 Millionen Jahren nachweisbar. Diese altertümliche Ordnung der Krebse konnte weite Landstriche besiedeln, weil ihre widerstandsfähigen Eier mitunter Tausende von Kilometern transportiert wurden. Die Notostraken sind heute noch durch den auch in Deutschland vorkommenden Kiefenfuß *Triops cancriformis* vertreten, der als „lebendes Fossil" gilt. Die Eier dieser Krebse werden durch den Kontakt mit Wasser zum Leben erweckt. Dies ist selbst dann noch möglich, wenn sie bereits seit Jahrzehnten an einer Stelle gelegen haben.

Als größte Spinne aller Zeiten galt zeitweise *Megarachne* in der Karbonzeit vor mehr als 290 Millionen Jahren. Dieses Tier wurde durch Fossilfunde in Argentinien nachgewiesen. *Megarachne* hatte einen 34 Zentimeter langen Körper. Die Spannweite ihrer Beine erreichte mehr als 50 Zentimeter. Der Körperbau deutete darauf hin, daß *Megarachne* am Boden vorbeikommende Beutetiere packte. Heute rechnet man *Megarachne* den See- und Riesenskorpionen zu.

Die ersten Nummuliten gab es schon in der Kreidezeit, vor mehr als 65 Millionen Jahren. Ihre Blütezeit fiel jedoch in das Paläozän vor etwa 65 bis 53 Millionen

Riesenlibelle Meganeura monyi,
Zeichnung bei „Wikipedia"

Jahren und in das Eozän vor etwa 53 bis 34 Millionen Jahren. Die Nummuliten werden zu den sogenannten Großforaminiferen gerechnet. Darunter versteht man Einzeller, die Kalkschalen oder -gehäuse mit bis zu 10 Zentimeter Durchmesser bauten. Die meisten „normalen" Foraminiferen sind dagegen mikroskopisch klein. In Ägypten wurden die Nummuliten-Kalke für den Bau der Pyramiden verwendet.

Die größten Austernriffe Deutschlands im Oligozän vor etwa 30 Millionen Jahren wurden in Rheinhessen aufgebaut. Dort lag damals der Küstenbereich eines Binnenmeeres. Auf einem derartigen Austernriff steht beispielsweise der Ort Neu-Bamberg in Rheinhessen. Fossile Austern der Art *Pycnodonte callifera* sind in Sandgruben der Gegend von Alzey und Bad Kreuznach in Rheinland-Pfalz keine Seltenheit. Im Untergrund der nahen Großstädte Mainz und Wiesbaden fehlen sie dagegen, weil dort im Oligozän tiefere Meeresstellen lagen.

Die meisten Schneckengehäuse der Gattung Hydrobia aus dem Miozän vor mehr als 20 Millionen Jahren wurden in der Gegend von Mainz und Wiesbaden abgelagert. In diesem Gebiet lebten und starben damals Milliarden von winzigen Schnecken, wovon heute noch unzählige 3 bis 4 Millimeter große Schneckengehäuse in den Kalksteinbrüchen der Mainzer und Wiesbadener Gegend zeugen.

Als Stammvater der Insekten gelten die im Silur vor etwa 420 Millionen Jahren lebenden Euthycarcioniden. Sie gehören zu den ersten Tierarten, die vom Wasser aus das Festland eroberten. Die Euthycarcioniden ähnelten heutigen Kakerlaken, jagten und fraßen kleinere Tiere und liefen auf elf Paar Beinen. Ein besonders prächtiger Fund aus Australien ist etwa 13 Zentimeter lang. Geologisch jüngere Fossilien von Euthycarcioniden kennt man aus Frankreich, dem Nordosten der USA und dem Osten Australiens.

Das größte Insekt aller Zeiten war die aus Nordamerika bekannte Riesenlibelle *Meganeuropsis permiana* aus der frühen Permzeit vor weniger als 290 Millionen Jahren. Sie erreichte eine Flügelspannweite von fast 75 Zentimeter, also mehr als viele heutige Vögel. Ähnlich groß und mit ihr verwandt ist *Meganeura monyi* aus der späten Karbonzeit vor etwa 300 Millionen Jahren. Ein Fund von dieser Art bei Comentry in Frankreich hat eine Flügelspannweite von mehr als 60 Zentimeter. Die größte Flügelspannweite heutiger Insekten besitzt mit bis zu 32 Zentimetern ein Nachtschmetterling, nämlich die brasilianische Rieseneule *Thysania agrippina*. Nur wenig kleiner sind der Atlas-Seidenspinner mit bis zu 30 Zentimeter Flügelspannweite und der Vogelfalter *Ornitoptera alexandrae* aus Papua-Neuguinea, der mit bis zu 28 Zentimeter Flügelspannweite der größte Tagschmetterling der Welt ist. Die aller-

Amazonas-Riesenbockkäfer Titanus giganteus im „Museum of Toulouse",
Foto von Didier Descouens bei „Wikipedia"

größte heutige Insektenart ist mit maximal 36 Zentimeter Körperlänge die südostasiatische Gespenstschrecke *Pharnacia kirbyi*. Den ersten Platz im Wettbewerb um das schwerste lebende Insekt hält ein „schwangeres" Weibchen der neuseeländischen Weta-Grille *Deinacrida heteracantha*, das nachweislich ein Körpergewicht von 71 Gramm erreicht hat, wobei „normale" Exemplare dieser Spezies nur 19 bis 43 Gramm wiegen. Der südamerikanische Herkuleskäfer *Dynastes hercules* besitzt eine Körperlänge von 16 Zentimeter und eine Flügelspannweite von 22 Zentimeter. Der Amazonas-Riesenbockkäfer *Titanus giganteus* wird mit maximal 16,7 Zentimeter manchmal sogar noch etwas länger (gelegentliche größere Angaben von über 20 Zentimeter beziehen die Fühler mit ein, während hier stets die Kopf-Rumpf-Länge erwähnt wird). Das gleiche gilt für die südamerikanische Bockkäferart *Macrodontia cervicornis*, die über 16 Zentimeter lang werden kann und zudem riesige Larven besitzt. Auch die Larven des afrikanischen Goliathkäfers *Goliathus goliathus*, der als erwachsenes Tier maximal 11 Zentimeter lang wird, werden mit maximal 13 bis 15 Zentimeter Länge extrem groß und angeblich bis zu 100 Gramm schwer. Die Angaben über diese „Rekord-Insekten" verdanke ich dem Stuttgarter Wissenschaftler Dr. Günther Bechly.

<u>Das größte libellenähnliche Insekt in Deutschland</u> wurde 1981 auf der ehemaligen Halde des Karl-Moritz-Schachtes in Plötz (Sachsen-Anhalt) entdeckt. Dieses *Stephanotypus schneideri* genannte Tier aus der Zeit vor etwa 300 Millionen Jahren hatte eine Flügelspannweite von etwa 40 Zentimeter. Der Gattungsname *Stephanotypus* erinnert daran, daß der Insektenrest von Plötz in Schichten des Stephaniums, der jüngsten Stufe der Karbonzeit, gefunden wurde und der Gattung Typus aus der Permzeit in Nordamerika ähnelt. Mit dem Artnamen *schneideri* wird der Insektenspezialist Jörg Schneider von der Bergakademie Freiberg in Sachsen geehrt.

<u>Die ältesten direkten Vorfahren von Fliegen und Mücken</u> kennt man aus der Permzeit, die vor etwa 290 Millionen Jahren begann und vor etwa 250 Millionen Jahren endete.

<u>Der älteste Käfer</u> wurde 1944 bei Tshekarda im Ural (Russland) in Schichten aus der Permzeit entdeckt. Diese erdgeschichtliche Periode währte von etwa 290 bis 250 Millionen Jahren. Der Fund aus Tshekarda erhielt den Gattungsnamen *Tshekardocoleus*.

<u>Die ältesten Eintagsfliegen aus Mitteleuropa</u> wurden in Jeckenbach bei Meisenheim (Rheinland-Pfalz) entdeckt. Sie haben in der Permzeit vor etwa 280 Millionen Jahren gelebt und werden zu Ehren ihres Entdeckers, des Amateurpaläontologen Arnulf Stapf aus Nierstein, als *Misthodotes stapfi* bezeichnet.

*Florfliege Kalligramma, verfolgt vom Flugsaurier Anurognathus,
Zeichnung von Dmitry Bogdanov bei „Wikipedia"*

Das größte Fluginsekt aus der Permzeit in Deutschland ist *Eugereon boeckingi*. Es wurde 1866 bei der Abenteuerhütte von Schwarzenbach unweit von Birkenfeld in Rheinland-Pfalz gefunden. Dieses Insekt hatte eine Flügelspannweite von 19 Zentimeter und eine Körperlänge von 7,5 Zentimeter. Es besaß lange, rüsselartige Mundteile, die wohl zum Stechen und Saugen dienten. Eugereon ernährte sich vermutlich von Pflanzensäften.

Die ältesten Insektenspuren Europas sind auf den sogenannten Fährtenplatten von Nierstein am Rhein unweit von Mainz (Rheinland-Pfalz) enthalten. Sie stammen aus der Permzeit vor etwa 280 Millionen Jahren. Die Niersteiner Gegend hatte zur Entstehungszeit dieser Spuren fast den Charakter einer Halbwüste, in der sich das Leben in der Umgebung von Gewässern konzentrierte. Die Fußabdrücke von Libellenlarven, Wasserkäfern und anderen Insekten sind im weichen Schlamm am Rande eines kleinen flachen Sees entstanden. Niersteiner Fährtenplatten werden vor allem im Naturhistorischen Museum Mainz und im Paläontologischen Museum Nierstein aufbewahrt.

Die ältesten Ahnen der Schmetterlinge gab es in der Triaszeit von etwa 250 bis 205 Millionen Jahren. Sie hatten die Gestalt mottenähnlicher Insekten. Ihre Flügel besaßen mehr lanzettliche Gestalt als die der heutigen Schmetterlinge.

Besonders viele Fossilfunde von Fliegen, Mücken und Wespen liegen aus der frühen Jurazeit vor etwa 200 Millionen Jahren vor. Aussagekräftige Insektenfunde aus diesem Abschnitt kennt man aus Deutschland (Dobbertin), der Schweiz (Schambelen) und vor allem aus Rußland.

Die größte Libelle der Jurazeit schwirrte vor etwa 150 Millionen Jahren in der Gegend von Solnhofen und Eichstätt in Bayern durch die Gegend. Diese Libellenart namens *Aeschnogomphus intermedius* erreichte eine Flügelspannweite von 21 Zentimeter und eine Körperlänge von 15 Zentimeter. Die größten heutigen Libellen haben eine Flügelspannweite von 14 Zentimeter.

Als größtes und schönstes Insekt Süddeutschlands in der Jurazeit vor etwa 150 Millionen Jahren gilt die 1903 in der Solnhofener Gegend entdeckte Florfliege *Kalligramma haeckeli*. Sie hatte eine Flügelspannweite von etwa 25 Zentimeter und ähnelt den heutigen Schmetterlingen.

Die größten Heuschrecken Süddeutschlands hüpften in der Jurazeit vor etwa 150 Millionen Jahren im Raum von Eichstätt in Bayern. Dabei handelt es sich um die Gattung *Pycnophlebia* mit bis zu 15 Zentimeter langen Flügeln.

Die älteste Ameise wurde in einem Bernsteinstück aus der Kreidezeit von Nordamerika entdeckt. Die Kreidezeit

Prachtkäfer aus der Grube Messel bei Darmstadt (Hessen),
Foto von Torsten Wappler, Hessisches Landesmuseum Darmstadt

dauerte von etwa 135 bis 65 Millionen Jahren.

<u>Die ältesten Ahnen der heutigen Bienen</u> sind ab der Kreidezeit (vor etwa 135 bis 65 Millionen Jahren) nachweisbar. Sie verfügten allerdings noch nicht über zum Sammeln von Blütenstaub geeignete „Körbchen" an den Hinterbeinen.

<u>Die meisten Insektenreste aus dem Eozän</u> vor etwa 45 Millionen Jahren kamen in der Grube Messel bei Darmstadt (Hessen) und im Geiseltal bei Halle/Saale (Sachsen-Anhalt) zum Vorschein. Von beiden Fundstellen sind Abertausende von Insekten nachgewiesen worden, darunter allein weit mehr als 100 Käferarten. Seit 1987 findet man in ebenso alten Ablagerungen eines Sees bei Eckfeld in der Eifel (sogenanntes Eckfelder Maar) zahlreiche und außergewöhnlich gut erhaltene Insekten.

<u>Die größten geflügelten Riesenameisen Deutschlands</u> wurden in der Grube Messel bei Darmstadt entdeckt. Diese im Eozän vor etwa 45 Millionen Jahren lebenden Insekten der Art *Formicium giganteum* hatten eine Flügelspannweite bis zu 16 Zentimeter und einen 7 Zentimeter langen Körper. Sie wogen etwa 10 Gramm und waren damit so schwer wie ein heutiger Zaunkönig. Die Riesenameisen von Messel haben vermutlich am Ufer eines ehemaligen Urwaldsees gelebt und sind vielleicht beim Paarungsflug in das Gewässer

gestürzt, in dessen Ablagerungen sie gefunden wurden. Ähnliche Arten kennt man noch aus England und Nordamerika sowie aus Eckfeld in der Eifel (Rheinland-Pfalz).

<u>Die meisten Termiten in Europa</u> hat man in etwa 25 Millionen Jahren alten Seeablagerungen von Rott im Siebengebirge (Nordrhein-Westfalen) gefunden. Dort wurden bereits zehn Termitenarten nachgewiesen. Die Tierwelt von Rott wird in das Ende des Oligozäns datiert.

<u>Die meisten und schönsten Insekten aus dem Pliozän</u> vor etwa 5,3 bis 2,3 Millionen Jahren wurden in einer stillgelegten Tongrube bei Willershausen unweit von Göttingen (Niedersachsen) geborgen. Von dort kennt man prächtig erhaltene Reste von Libellen, Uferfliegen, Heuschrecken, Gottesanbeterinnen, Blattwanzen, Tannenblattläusen, Weinstockzikaden, Ameisen, Termiten, Blatt-, Gall- und Schlupf-wespen, Trauermücken, Groß- und Kleinschmetterlingen, Bock-, Nashorn, Rüssel-, Marien- und Gelbrandkäfern sowie Schlammfliegenlarven.

<u>Zu den ersten fischähnlichen Wirbeltieren in den Meeren des Kambriums</u> vor mehr als 510 Millionen Jahren gehört die Gattung *Anatolepis*. Die Kenntnis von ihr stützt sich allerdings nur auf winzige und fragliche Reste. Die ersten sicheren Funde von fischähnlichen Wirbeltieren stammen aus dem Ordo-

Foto oben:
Quastenflosser
(Latimeria chalumnae)
im „Natural History Museum"
in London,
Foto von Emöke Dénes
bei „Wikipedia

Zeichnung unten:
Lebensbild des Panzerfisches
Tityosteus rieversi,
Zeichnung von Apokryltaros
bei „Wikipedia"

vizium vor mehr als 455 Millionen Jahren. Es waren gepanzerte kieferlose Tiere (Agnatha genannt). Sie gelten als die ersten Wirbeltiere.

Das älteste fischähnliche Wirbeltier Deutschlands hat im Silur vor mehr als 410 Millionen Jahren im Meer gelebt. Es heißt *Tolypelepis*, war bis zu 25 Zentimeter lang und wurde bei Gräfenhainichen in der Dübener Heide (Sachsen-Anhalt) entdeckt.

Als Vorläufer der ersten Landwirbeltiere gelten die Rhipidistier im Devon vor mehr als 390 Millionen Jahren. Diese Fische konnten sich mit ihren kräftigen Flossen, die bereits den Extremitäten der späteren Amphibien und Reptilien ähnelten, vom Boden abstützen. Der besondere Bau der Gliedmaßen und lungenartige Organe ermöglichten ihnen vielleicht das Überleben beim Austrocknen ihres Lebensraumes. Eventuell waren sie sogar fähig, sich schlängelnd bzw. kriechend in benachbarte Gewässer zu retten. Eine andere Gruppe, die Coelacanthiformes, blieb dagegen im Wasser. Die heute noch als „lebende Fossilien" an der Ostküste Südafrikas vorkommenden Quasten-flosser der Art *Latimeria chalumnae* gehören zu den Coelacanthiformes.

Die ältesten Panzerfische (Placodermi) Deutschlands lebten im Devon vor mehr als 390 Millionen Jahren im Hunsrückschiefer-Meer. Sie waren für das Leben am Meeresgrund angepasst und

wahrscheinlich schlechte Schwimmer. Der größte unter diesen Panzerfischen war die bis zu 2,50 Meter lange Art *Tityosteus rieversi*. Andere prächtig erhaltene Panzerfische aus den Hunsrückschiefermeer in der Devonzeit – wie *Gemuendina* und *Lunaspis* – werden im Schloßpark-Museum von Bad Kreuznach in Rheinland-Pfalz aufbewahrt.

Als ältester Lungenfisch Deutschlands gilt die Art *Dipnorhynchus lehmanni*. Auch sie kam im Devon vor mehr als 390 Millionen Jahren im Hunsrückschiefer-Meer vor. Diese Art wurde in Bundenbach (Hunsrück) in Rheinland-Pfalz nachgewiesen.

Der größte Raubfisch der Devonzeit vor etwa 370 Millionen Jahren war der maximal 8 Meter lange *Dunkleosteus* (früher *Dinichthys* = „Schreckensfisch"). Als die ersten Panzerreste von ihm in Meeresablagerungen von Ohio (USA) entdeckt wurden, fiel es den Experten schwer, zu glauben, daß sie von einem Fisch stammen sollten.

Der größte Süßwasserhai der Permzeit in Deutschland war der maximal 3 Meter lange *Orthacanthus senckenbergianus*, der vor mehr als 280 Millionen Jahren in Seen des Saar-Nahe-Gebietes jagte. Er konnte schnell schwimmen und fraß kleinere Fische. Skelette von diesem imposanten Süßwasserhai fand man in Lebach (Saarland) sowie in Heimkirchen am Donnersberg (Rheinland-Pfalz). Ein

Schmelzschuppenfisch Lepidotes,
Foto von Jeff Kubina, Columbia, Maryland, bei „Wikipedia"

Lebensbild des Süßwasserhais Orthacanthus senckenbergianus,
Zeichnung von Nobu Tamura (http://spinops.blogspot.com) bei „Wikipedia"

etwa 2,10 Meter langer *Orthacanthus senckenbergianus,* der im Paläontologischen Museum Nierstein zu bewundern ist, verdankt seine ungewöhnliche weiße Farbe der Erhitzung durch im Erdinnern aufsteigende Lava.

Die ersten Knochenfische (Telostei) mit vollständig verknöcherter Wirbelsäule existierten im Jura vor etwa 205 bis 135 Millionen Jahren.

Der schönste Haifund aus der frühen Jurazeit in Deutschland vor etwa 190 Millionen Jahren ist ein 1,55 Meter langes Exemplar der Art *Hybodus hauffianus* aus Holzmaden in Baden-Württemberg. Im Magen dieses Hais wurden die kalkigen Innenskelette (Rostren) von etwa 250 Belemniten – das sind ausgestorbene Tintenfische – entdeckt, die vielleicht den Tod dieses Raubfisches bewirkt haben. Die an einem Ende spitzen Rostren haben sich vermutlich durch die Magenwand gebohrt. Außerdem sind bei diesem Fund zangenartige Gebilde an den Bauchflossen des Hinterleibs sichtbar, die zum Festhalten des Weibchens bei der Kopulation dienten.

Die größten Schmelzschuppenfische Deutschlands aus der Jurazeit vor etwa 150 Millionen Jahren wurden in Meeresablagerungen der Gegend von Solnhofen in Bayern entdeckt. Sie waren bis zu 2,50 Meter lang und werden *Lepidotes maximus* genannt. Zu ihrer

Nahrung gehörten hartschalige Muscheln und Krebse, die sie mit ihren Pflasterzähnen knackten.

Die ältesten Aale kennt man aus der Kreidezeit vor etwa 135 bis 65 Millionen Jahren. Zu ihren gehört die Gattung *Ureuchelys* aus dem Libanon.

Die größten Süßwasser-Fische Deutschlands im Eozän vor etwa 45 Millionen Jahren waren die bis zu 80 Zentimeter langen Schlammfische *(Amia kehreri)* und Knochenhechte *(Atractosteus strausi).* Schlammfische sind aus der Grube Messel bei Darmstadt in Hessen und aus dem Geiseltal bei Halle/Saale in Sachsen-Anhalt bekannt. Knochenhechte fand man in Messel, im Geiseltal und bei Eckfeld in der Eifel (Rheinland-Pfalz). Die Schlammfische und Knochenhechte sind Raubfische gewesen, die kleinere Fische fraßen. Der Schlammfisch wird Kahlhecht und der Knochenhecht auch Krokodilhecht genannt. In Frankreich gab es bis zu 2,60 Meter lange Schlammfische der Gattung *Amia.*

Der älteste Fund eines kompletten Süßwasseraals der Gattung Anguilla stammt aus der Grube Messel. Er ist etwa 45 Millionen Jahre alt und 63 Zentimeter lang. Der Fund wird im Naturhistorischen Museum Mainz aufbewahrt.

Der größte Hai Deutschlands im Oligozän vor etwa 35 bis 30 Millionen

Lebensbild des Urlurches Sclerocephalus haeuseri,
Zeichnung von Dmitry Bogdanov bei „Wikipedia"

Fossil des Urlurches Sclerocephalus haeuseri im „Staatlichen Museum
für Naturkunde" in Stuttgart, Foto von Dr. Günther Bechly bei „Wikipedia"

Jahren jagte im Mainzer Becken größere Fische und Seekühe. Er heißt *Procarcharodon*, war vermutlich bis zu 10 Meter lang und trug bis zu 8 Zentimeter lange dolchartige Zähne. Insgesamt besaß er mehr als 160 Zähne. Der weitläufig mit dem Weißen Hai aus der Gegenwart verwandte Raubfisch war damals das größte Lebewesen in der etwa 300 Kilometer langen und maximal 40 Kilometer breiten Meeresstraße, welche das Nordmeer in Norddeutschland mit dem Meer im heutigen Alpenvorraum verband.

<u>Als das älteste Amphibium</u> gilt das maximal 1 Meter lange zwischen Fisch und Lurch vermittelnde Tier *Ichthyostega* aus der Zeit gegen Ende des Devons vor mehr als 355 Millionen Jahren. Unter einem Amphibium versteht man ein Tier, das sich sowohl im Wasser als auch an Land aufhalten kann. *Ichthyostega* – zu deutsch „Fischschädellurch" – hatte einen schweren Knochenschädel, keinen ausgeprägten Hals, Überreste von Knochenschuppen in der Haut und fünfzehige Beine. Die ersten fossilen Reste von diesem Tier sind 1931 in Grönland auf der Insel Ÿuers und auf der Gauß-Halbinsel entdeckt worden.

<u>Das älteste Amphibium Deutschlands</u> wurde in weniger als 355 Millionen Jahre alten Schichten der Karbonzeit in Haßlinghausen nördlich von Wuppertal (Nordrhein-Westfalen) gefunden. Es ist etwa 30 Zentimeter lang, hat gewisse

Ähnlichkeiten mit Reptilien und wird *Bruktererpeton fiebigi* genannt. Der Gattungsname erinnert daran, daß dieser Fund im ehemaligen Gebiet des germanischen Stammes der Brukterer zum Vorschein kam.

<u>Zu den größten Amphibien Deutschlands im Perm</u> vor etwa 280 Millionen Jahren gehörten die räuberischen Urlurche *Sclerocephalus haeuseri*, *Archegosaurus decheni* und *Actinodon longirostris*. Die Funde von *Sclerocephalus haeuseri* aus Odernheim/Glan und Jeckenbach bei Meisenheim (beide in Rheinland-Pfalz) erreichte eine Länge bis zu 2 Meter. Ihr mit Ausnahme der Öffnungen für die Augen und Geruchsorgane geschlossenes Schädeldach sieht wie eine große Maske aus. *Sclerocephalus haeuseri* trug außer den Zähnen am Ober- und Unterkieferrand auf dem Gaumen jeweils drei Zahnpaare. Letztere verhinderten, daß schlüpfrige Fischbeute aus dem Maul rutschen konnte. Etwas kleiner als *Sclerocephalus haeuseri* war der Urlurch *Archegosaurus decheni*, von dem früher bei Lebach im Saarland häufig Reste geborgen wurden. Er war ausgewachsen bis zu 1 Meter lang, besaß eine lange Schnauze, verkürzte Gliedmaßen und einen langen, kräftigen Schwanz. Ähnlich wie *Archegosaurus decheni* sah der ebenfalls in der Lebacher Gegend heimische Urlurch *Actinodon longirostris* aus, der jedoch im Gegensatz zu ersterem eine breite Schnauze hatte.

Lebensbild des Urlurches Mastodonsaurus,
Zeichnung von Dmitry Bogdanov bei „Wikipedia"

Die ersten Froschlurche sind in der Triaszeit vor etwa 250 bis 205 Millionen Jahren erschienen. Vertreter dieser Tiere gibt es heute noch.

Das größte Amphibium aller Zeiten war der Urlurch *Mastodonsaurus* gegen Ende der Triaszeit vor mehr als 210 Millionen Jahren. Dieses auf den ersten Blick wie eine riesige Kröte wirkende Monster erreichte eine Länge von mehr als 5,50 Meter. Der größte, bisher von einem *Mastodonsaurus* bekannte Unterkiefer misst 1,40 Meter. Er wurde 1977 bei Grabungen des Stuttgarter Naturkundemuseums unter Leitung des Wirbeltierpaläontologen Rupert Wild an der Autobahn bei Kupferzell im Hohen-loher Land (Baden-Württemberg) geborgen. Im Saurier-Massengrab von Kupferzell kamen auch Schädelknochen von Larven des *Mastodonsaurus* mit etwa 10 Zentimeter langen Schädeln zum Vorschein. *Mastodonsaurus* wird wegen der charakteristischen Struktur seiner Zähne auch „Zitzenzahnsaurier" genannt. Er lauerte im Wasser oder am Ufer Beutetieren auf. Bißstellen auf Knochen von 5 Meter langen, an Land lebenden Dinosaurier-Ahnen zeigen, daß *Mastodonsaurus* auch diese gefährlichen Räuber angriff.

Das rätselhafteste Organ der Amphibien ist das sogenannte „dritte Auge" auf dem Scheitelbein. Es besitzt wie ein echtes Auge eine Linse, eine Netzhaut und einen zum Gehirn ziehenden Nerv,

aber keine Regenbogenhaut. Man vermutet, daß das „dritte Auge" vor allem eine Funktion als thermoregulatorisches Organ hat, das durch die Aufnahme des Sonnenlichtes die Aktivität, unter anderem die Körpertemperatur, regelt. Ein „drittes Auge" ist bei Fischen, den meisten Amphibien und Reptilien bekannt.

Die ältesten Frösche Deutschlands wurden in der Grube Messel bei Darmstadt (Hessen) und im Geiseltal bei Halle/Saale (Sachsen-Anhalt) entdeckt. Am häufigsten sind Funde der Art *Eopelobates* mit langen, schlanken Hinterbeinen. Diese Tiere konnten vermutlich gut springen. Sie wurden bis zu 12 Zentimeter lang. Der Frosch *Eopelobates* lebte im Eozän vor etwa 45 Millionen Jahren.

Die erste Kaulquappe aus der Grube Messel kam 1987 bei Grabungen des Brüsseler Institut Royal des Sciences Naturelles de Belgique zum Vorschein. Sie misst etwa 2 Zentimeter. Ihre Hinterbeine waren fast vollständig entwickelt, die Vorderbeine hingegen erst als Knospen angelegt.

Die größten Frösche Deutschlands lebten im Oligozän vor etwa 25 Millionen Jahren in der Gegend von Rott am Siebengebirge (Nordrhein-Westfalen). Der Riesenfrosch *Palaeobatrachus gigas* aus Rott wurde vom Kopf bis zum Ende der Hinterbeine maximal 20 Zentimeter lang.

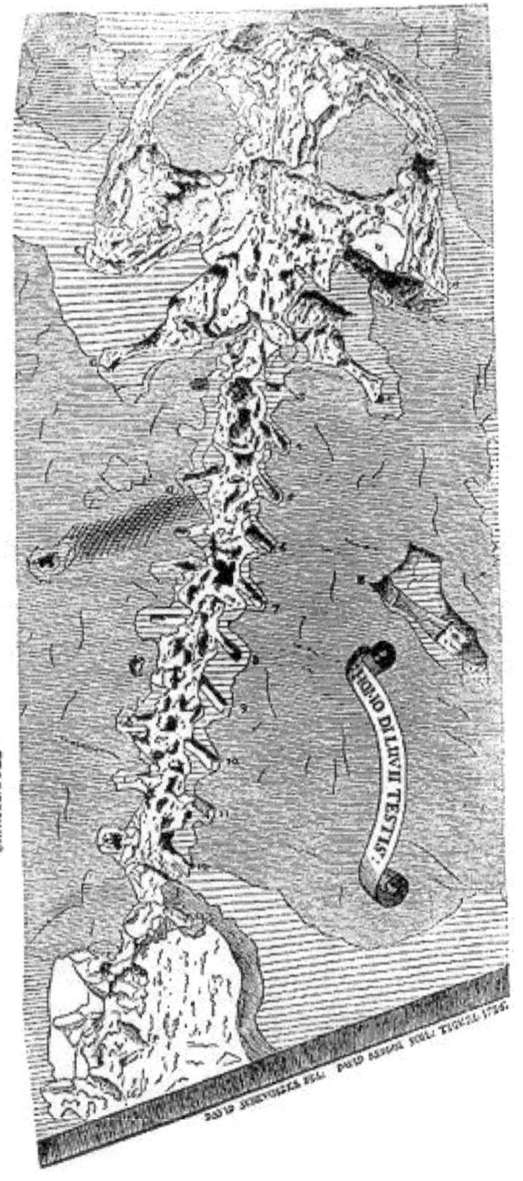

*Zeichnung des
Riesensalamanders
Andrias scheuchzeri,
den der Zürcher Stadtarzt
Johann Jakob
Scheuchzer (1672–1733)
als Skelettrest
eines in der
biblischen Sintflut
ertrunkenen Menschen
fehldeutete,
den er Homo diluvii testis
nannte.*

Der berühmteste Riesensalamanderfund Deutschlands ist *Andrias scheuchzeri* aus Öhningen bei Radolfzell am Bodensee (Baden-Württemberg). Er ging in die Geschichte der Paläontologie ein, weil ihn 1726 der Zürcher Stadtarzt Johann Jakob Scheuchzer (1672–1733) als Skelettrest eines in der biblischen Sintflut ertrunkenen Menschen betrachtete, den er *Homo diluvii testis* nannte. Riesensalamander dieser Art mit 1 Meter Länge und mehr kennt man auch aus Rott im Siebengebirge. Die Funde von Rott sind etwa 25 Millionen Jahre alt (Oligozän), die von Öhningen etwa 15 Millionen Jahre (Miozän).

Die schönsten Frösche Deutschlands aus dem Pliozän vor etwa 3 Millionen Jahren wurden in Willershausen unweit von Göttingen (Niedersachsen) entdeckt. Sie gehören zur Art *Rana strausi* und wurden etwa 10 Zentimeter lang. Manchmal ist auch der Körperumriss der Tiere oder sogar ihr Laich erhalten.

Die letzten Riesensalamander der Art *Andrias scheuchzeri* in Deutschland lebten noch vor etwa 3 Millionen Jahren in der Gegend von Willershausen. Ihr Nachweis ist 1965 gelungen. Dies war deshalb überraschend, weil man annahm, daß im Pliozän vor etwa 5,3 bis 2,3 Millionen Jahren Riesensalamander in Europa nicht mehr vorkamen.

Das älteste Reptil wurde in mehr als 330 Millionen Jahre alten Schichten aus dem Karbon in Schottland entdeckt. Es ist

nahezu 20 Zentimeter lang. Sein Schädel, Körperskelett sowie seine Beine und Füße sind so gut erhalten, daß eine Zuordnung dieses Fundes zur Klasse der Reptilien möglich ist. Reptilien werden auch als Kriechtiere bezeichnet (lateinisch: reptilis = kriechend). Bis zu der Entdeckung in Schottland galt das Reptil *Hylonomus* in Kanada als das älteste Kriechtier. Es kam in etwa 300 Millionen Jahre alten Schichten aus dem Karbon zum Vorschein. Zu den Reptilien gehören unter anderem die Dinosaurier, Flugsaurier, Krokodile, Flossenechsen, Echsen und Eidechsen, Brückenechsen, Schildkröten, Fischsaurier, Pflasterzahnsaurier und Schlangen.

Die meisten der insgesamt 17 Ordnungen der Reptilien – nämlich 12 – sind ausgestorben. Heute existieren nur noch die Ordnungen Schildkröten, Krokodile, Echsen, Brückenechsen und Schlangen. Die Brückenechsen werden nur noch durch eine einzige Art repräsentiert, die vom Aussterben bedroht ist. Dabei handelt es sich um die Brückenechse *Sphenodon punctatus*.

Die ersten Reptilien, die wahrscheinlich Eier mit einer vermutlich pergamentartigen Schale legten, sind die nach dem amerikanischen Paläontologen Alfred Sherwood Romer (1894–1973) benannten Romeriiden. Sie repräsentieren eine Familie sehr ursprünglicher Echsen, die zu den sogenannten Stammreptilien (Cotylosauria) gerechnet werden. Aus

Bild oben:
Lebendrekonstruktion des „Tambacher Liebespaars".
Dabei handelt es sich um zwei Exemplare des Amphibiums Seymouria
sanjuanensis, die in dieser Stellung aufgefunden wurden.
Rekonstrukton von Dmitry Bogdanov bei „Wikipedia"

Bild unten:
Lebensbild des Amphibiums Seymouria sanjuanensis,
Zeichnung von Dmitry Bogdanov bei „Wikipedia"

diesen haben sich später die Hauptgruppen der Reptilien entwickelt. Im Gegensatz zu den nur mit einer gallertartigen Masse umhüllten Eiern der Amphibien konnten die Eier mit einer derben, membranartigen Umhüllung auch auf dem Trockenen überdauern. Die ersten solcher Eier wurden bereits von Amphibien im Karbon vor weniger als 355 Millionen Jahren entwickelt. Aus den Amphibien gingen die ersten Reptilien hervor, die allmählich alle Bereiche des Festlandes eroberten. Die in einem ersten „Experimentier-Stadium" entstandenen Arten können nicht immer eindeutig den Amphibien oder Reptilien zugeordnet werden.

Als eine der bedeutendsten Fundstellen früher Reptilien aus dem Karbon vor mehr als 250 Millionen Jahren gilt Nyrany (Nurschau) bei Pilsen in Tschechien.

Die ältesten Fußspuren von Reptilien stammen aus dem Karbon vor mehr als 290 Millionen Jahren. Solche Fährten sind aus Europa (Deutschland, England) und Nordamerika (Kanada, Massachusetts, Alabama) bekannt. Derartige Fährtenplatten werden im Deutschen Bergbaumuseum in Bochum, im Geologischen Museum der Saarbergwerke in Saarbrücken, im Staatlichen Museum für Mineralogie Dresden, in der Bergakademie Freiberg, im Departement of Geology der University of Birmingham (England), im Geological Survey of Canada in Ottawa und im Redpath Museum der McGill University in Montreal (beide in Kanada), im Museum of Comparative Zoology Cambridge in Massachusetts und im Museum of Natural History der University of Alabama in Tuscaloosa (beide in USA) aufbewahrt.

Die erste Entdeckung von Reptilien-Fußspuren aus dem Karbon in Deutschland wurde 1926 aus der Zeche Präsident in Bochum (Nordrhein-Westfalen) gemeldet. Weitere Funde sind 1951 in 956 Meter Tiefe in der Zeche General Blumenthal in Recklinghausen (Nordrhein-Westfalen) sowie 1957 in der Schachtanlage Erin in Castrop (Nordrhein-Westfalen) bekannt geworden. Die Fährtenplatten in Castrop werden im Deutschen Bergbaumuseum in Bochum aufbewahrt.

Die meisten Fußspuren von Reptilien sind aus dem Perm vor etwa 290 bis 250 Millionen Jahren bekannt. Zu den Fundgebieten in Deutschland gehören unter anderem Rheinhessen (Nierstein), das Saar-Nahe-Gebiet (Lauterecken, Odernheim/Glan, Nordhessen (Cornberg), Thüringer Wald (Manebach, Tambach), Döhlener Senke bei Dresden und Ilsfelder Senke am Harz. Weitere Fundgebiete liegen in Tschechien (Krkonose-Gebiet, Boscowicer Furche), in Polen (Innersudetische Mulde), England (bei Birmingham), in Frankreich (Lodève) und Nordamerika (Grand Canyon von Arizona, Texas, Neu-Mexiko).

Fußabdruck des „Handtieres"
Chirotherium storetonense
aus einem Steinbruch
bei Bebington unweit von Liverpool
in Großbritannien,
ausgestellt im
Oxford University Museum,
Foto von Kevin Walsh
bei „Wikipedia"

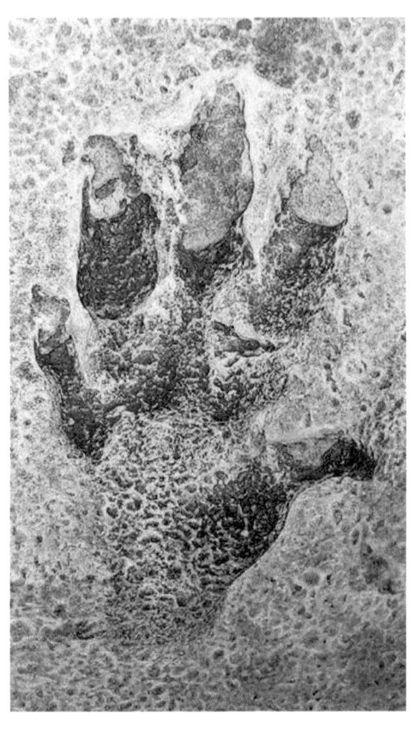

Größenvergleich zwischen Argentinosaurus und einem Menschen,
Zeichnung von „Dinosaur Zoo" bei „Wikipedia"

Die meisten Reptilienspuren Deutschlands aus der Trias vor etwa 250 bis 205 Millionen Jahren stammen von an Land lebenden Sauriern, deren Fußabdrücke einer menschlichen Hand ähneln. Solche „Handtier"-Fährten sind in Deutschland vielfach gefunden worden. Die größten unter ihnen sind bis zu 35 Zentimeter lang und werden der Art *Brachychirotherium herculis* zugerechnet. Der Erzeuger dieser Fährten war vielleicht maximal 4 Meter lang. Die ersten „Handtier"-Fährten wurden schon 1833 in Hildburghausen (Thüringen) entdeckt. Der Name „Handtier" geht auf den Darmstädter Paläontologen Johann Jakob Kaup (1803–1873) zurück, der 1835 zwei unterschiedliche Fährtenformen aus Hildburghausen als *Chirotherium barthii* und *Chirotherium sickleri* bezeichnete. Der Gattungsname *Chirotherium* heißt zu deutsch „Handtier". Die Artnamen *barthii* und *sickleri* erinnern an zwei der ersten Entdecker solcher Fährten in Hildburghausen.

Die größten Reptilien waren die Dinosaurier *Argentinosaurus* aus Südamerika und *Supersaurus* aus Nordamerika, die maximal 45 bzw. 43 Meter lang gewesen sein sollen. Sie übertrafen das heute größte Tier, den maximal 30 Meter langen Blauwal, deutlich an Länge.

Die kleinsten Reptilien gab es bei den Flugsauriern, Eidechsen und Schildkröten. Sie brachten Arten von weniger als 20 Zentimeter Größe hervor.

Die ersten Echsen (Sauria) und Eidechsen (Lacertilia) krochen gegen Ende der Permzeit vor mehr als 250 Millionen Jahren umher. Sie waren damals noch relativ klein und ernährten sich von Insekten. Frühe Echsen sind aus Südafrika bekannt. Im Laufe der Jurazeit vor etwa 205 bis 130 Millionen Jahren erschienen erste primitive Angehörige aller größeren modernen Gruppen der Echsen wie die Geckos, Skinke, Leguane, gliedmaßenlose Schleichen und Warane.

Zu den ältesten echsenähnlichen Reptilien Deutschlands gehört die Gattung *Protorosaurus* im Perm vor etwa 250 Millionen Jahren. Sie wurde bis zu 2 Meter lang und lebte damals in wüstenhaften Landstrichen. *Protorosaurus* heißt zu deutsch „frühe Echse". Diesen Gattungsnamen hat 1842 der Frankfurter Paläontologe Hermann von Meyer (1801–1869) geprägt. Der erste Fund gelang bereits 1706 bei Kupfersuhl in der Nähe von Eisenach (Thüringen) und wurde 1710 durch den Leibarzt des Königs von Preußen, Christian Maximilian Spener (1678–1714), beschrieben. In der Folgezeit glückten weitere Funde, von denen derjenige von 1790 aus Richelsdorf in Nordhessen als Kinderhand fehlgedeutet wurde.

Die ältesten Gleitflugechsen segelten gegen Ende der Permzeit vor etwa 250 Millionen Jahren auf Madagaskar, in England und in Deutschland durch die Lüfte. Diese Gleitflugechsen werden seit

*Rekonstruktionen der Gleitflugechsen Coelurosauravus (oben)
sowie Kuehneosuchus (unten links) und Kuehneosuchus (unten rechts),
Rekonstruktionen von Nobu Tamura (http://spinops.blogspot.com)
bei „Wikipedia"*

1987 der Gattung *Coelurosauravus* zugeordnet. Vorher hat man die Gleitflugechsen auf Madagaskar als *Daedalosaurus* bezeichnet. Dieser Begriff erinnert an jenen Dädalus der griechischen Mythologie, der zusammen mit seinem Sohn Ikarus mit künstlichen Flügeln aus dem kretischen Labyrinth floh. Die Gleitflugechsen in England und Deutschland heißen früher *Weigeltisaurus*. Mit diesem Namen wurde der deutsche Geologe Johannes Weigelt (1890–1948) aus Halle/Saale geehrt, der 1930 den ersten Fund eines *Weigeltisaurus* untersucht hatte. Bevor die Gleitflugechsen ihre Luftreisen unternehmen konnten, mussten sie erst auf allen Vieren hohe Bäume erklimmen. Von dort aus ließen sie sich fallen und segelten mit Hilfe ihrer seitlich ausgespannten Flughäute zum nächsten Baum oder zu Boden. So praktizieren es heute noch die Gleitflieger der Gattung *Draco* in den Urwäldern Südostasiens.

Eine der merkwürdigsten Echsen war der Giraffenhalssaurier *Tanystropheus* aus der mittleren Triaszeit vor etwa 230 Millionen Jahren. Von seiner Gesamtlänge von maximal 6 Meter entfielen bis zu 3,50 Meter auf den Hals. Die jungen Giraffenhalssaurier ernährten sich an Land von Insekten. Wenn sie etwa 2 Meter lang waren, wechselten sie ins Meer und jagten Tintenfische. Funde von Giraffenhalssauriern glückten in Deutschland (Baden-Württemberg, Bayern, Niedersachsen) und in der Schweiz (Monte San Giorgio im Tessin).

Die ältesten Gleitflugechsen aus der Triaszeit vor mehr als 210 Millionen Jahren wurden in England und in Nordamerika nachgewiesen. 1946 entdeckte der deutsche Paläontologe Walter Georg Kühne (1911–1991) in Südwestengland an zwei verschiedenen Fundorten Skelettreste einer Gleitflugechse, die 1962 nach ihm als *Kuehneosaurus* bezeichnet wurde. 1960 kam beim Bau eines Tunnels bei New York in den USA eine Gleitflugechse zum Vorschein, die *Icarosaurus* genannt wurde.

Die ältesten Eidechsen Bayerns lebten in der Jurazeit vor etwa 150 Millionen Jahren im Gebiet von Solnhofen (Mittelfranken). Von dieser zierlich gebauten, 9,6 Zentimeter langen „bayerischen Ureidechse" liegt nur ein einziger Fund vor. Er erhielt den Artnamen *Palaeolacerta bavarisca*.

Die ältesten Eidechsen Deutschlands aus dem Eozän vor etwa 45 Millionen Jahren sind aus dem Geiseltal bei Halle/Saale in Sachsen-Anhalt und aus der Grube Messel bei Darmstadt in Hessen bekannt. Allein im Geiseltal hat man etwa 200 Eidechsen geborgen, die vier Arten zugeordnet werden können. Die größte davon war *Eolacerta robusta* mit einer Länge von bis zu 60 Zentimeter. Diese Tiere lebten am Boden, konnten

Lebensbild von Mosasauriern,
Zeichnung von Nobu Tamura (http://spinops.blogspot.com) bei „Wikipedia"

Lebensbild des Warans Megalania,
Zeichnung von Nobu Tamura (http://spinops.blogspot.com) bei „Wikipedia"

aber auch klettern. Von *Eolacerta robusta* sind auch Häutungsreste in Form von sogenannten Eidechsen-„Handschuhen" entdeckt worden. Die Eidechsen *Geiseltaliellus longicaudatus* und *Capitolacerta dubia* waren kleiner und hatten lange Beine. *Geiseltaliellus* konnte sich vermutlich auch kurzzeitig zweibeinig fortbewegen. Die großen Augenhöhlen von *Capitolacerta* lassen auf eine nächtliche Lebensweise schließen. *Geiseltaliellus* und *Capitolacerta* wurden maximal 20 Zentimeter lang, wovon ein großer Teil auf den Schwanz entfiel. Die Eidechsen *Geiseltaliellus* und *Iguanosauriscus* hielten sich wahrscheinlich gern auf Bäumen auf, wo sie Insekten suchten und fraßen.

Die ältesten Eidechsen Deutschlands aus dem Oligozän vor etwa 25 Millionen Jahren kamen in der Gegend von Rott im Siebengebirge in Nordrhein-Westfalen vor. Der erste Eidechsenfund aus Rott wurde schon 1856 und 1860 beschrieben, er ging jedoch später verloren.

Als die ältesten Geckos in Deutschland gelten die in der Gegend von Solnhofen in Bayern entdeckten Gattungen *Ardeosaurus* und *Bavarisaurus.* Sie lebten in der Jurazeit vor etwa 150 Millionen Jahren.

Die einzigen Warane in Deutschland aus dem Eozän vor etwa 45 Millionen Jahren wurden im Geiseltal bei Halle/ Saale (Sachsen-Anhalt) und in der Grube Messel bei Darmstadt (Hessen) entdeckt. Der Waran aus dem Geiseltal heißt *Eosaniwa koehni* und hatte einen 18 Zentimeter langen Schädel. Der Waran aus Messel wird *Saniwa feisti* genannt.

Der größte Waran lebte vor weniger als 2 Millionen Jahren in Australien. Er heißt *Megalania,* war bis zu 8 Meter lang und schätzungsweise 12 Zentner schwer. Zu seinen Beutetieren gehörten sogar Kängurus.

Die ersten Warane erschienen in der Kreidezeit vor mehr als 80 Millionen Jahren. Es waren wie heute schwere, große und trotzdem flinke Räuber. Heutige Warane nehmen Beutetiere mit ihrer langen gespaltenen Zunge wahr, die als Geruchsorgan dient. Der bis zu 3 Meter lange Komodowaran *(Varanus komodoensis)* gilt als der größte Waran. Er wiegt bis zu 3,20 Zentner.

Die größten Mosasaurier mit bis zu 12 Meter Länge jagten gegen Ende der Kreidezeit vor mehr als 65 Millionen Jahren in den warmen Meeren. Die Mosasaurier waren ein kurzlebiger mariner Seitenzweig der waranartigen Echsen. Die Mosasaurier entwickelten sich aus Waranen, die zum Größenwuchs neigten und allmählich zum Leben im Wasser übergingen. Ihre Beine wandelten sich zu Flossen um. Der lange Schwanz diente als Fortbewegungsmittel beim Schwimmen. Die Mosasaurier werden auch Maasechsen

*Jungtier einer heutigen Brückenechse (Sphenodon punctatus),
Foto von „KeresH" bei „Wikipedia"*

genannt, weil 1770 in den unterirdischen Kalksteinbrüchen von Maastricht in Belgien ein 1,20 Meter langer Schädelrest zum Vorschein kam. Der Begriff Maasechsen stammt von dem englischen Geologen und Geistlichen William Daniel Conybeare (1787–1857). Zu den größten Gattungen der Mosasaurier gehört *Plotosaurus* aus Nordamerika. Er trug, ähnlich wie die heutigen Schlangen, eine schuppige Haut.

<u>Die einzigen Panzereidechsen Deutschlands aus dem Paläozän</u> vor etwa 60 Millionen Jahren wurden in Walbeck (Sachsen-Anhalt) gefunden. Diese Gattung heißt *Glyptosaurus*.

<u>Die ersten Brückenechsen</u> (auch Schnabelechsen genannt) existierten gegen Ende der Permzeit vor mehr als 250 Millionen Jahren. Der Begriff Brückenechsen beruht auf der knöchernen Überbrückung der Schläfengegend. Die Brückenechsen gehören zur Ordnung Sphenodontia. Sie besitzen oberhalb des Augenpaares ein sogenanntes „drittes Auge" oder Scheitelauge, einen Rückenkamm und eine Haut mit kleinen Schuppen.

<u>Zu den frühesten Brückenechsen Europas</u> zählt die Gattung *Planocephalosaurus* in der Triaszeit vor mehr als 210 Millionen Jahren. Sie war bis zu 20 Zentimeter lang, trug einen breiten Kopf und hatte Zähne, die mit den Kieferknochen verwachsen waren. Bei höher entwickelten Reptilien sind die

Zähne in Taschen versenkt. *Planocephalosaurus* fraß vor allem Insekten, gelegentlich aber auch Würmer, Schnecken und manchmal sogar kleinere Reptilien. Diese Gattung ist aus England nachgewiesen.

<u>Die ältesten Funde von Brückenechsen in Deutschland</u> sind im Gebiet von Holzmaden und Rottweil in Baden-Württemberg aus etwa 190 Millionen Jahren Schichten der Jurazeit geborgen worden. Sie wurden bis zu 60 Zentimeter lang, waren Bewohner der Küstengewässer und werden der Art *Palaeopleurosaurus posidoniae* zugerechnet. Diese beiden seltenen Fossilien werden im Staatlichen Museum für Naturkunde in Stuttgart aufbewahrt.

<u>Die letzten Brückenechsen Europas</u> lebten gegen Ende der Jurazeit und zu Beginn der Kreidezeit vor und nach etwa 135 Millionen Jahren. Dazu gehört die im Wasser lebende Gattung *Pleurosaurus*. *Pleurosaurus* ist aus an Land lebenden Brückenechsen hervorgegangen, die vermutlich infolge des Konkurrenzdruckes das Meer als neuen Lebensraum wählten. Bei *Pleurosaurus* ist der Körper im Gegensatz zu früheren Formen stark verlängert. Dies war offenbar ebenso wie die kurzen Beine eine Anpassung an das Leben im feuchten Element.

<u>Die meisten Brückenechsen Deutschlands</u> lebten in der Jurazeit vor etwa 150 Millionen Jahren im Gebiet von

Lebensbild der Pflasterzahnechse Placodus gigas,
Zeichnung von Nobu Tamura (http://spinops.blogspot.com) bei „Wikipedia"

Solnhofen in Bayern. Dort sind bisher bereits sechs Gattungen von Brückenechsen nachgewiesen worden. Sie heißen *Homoeosaurus, Kallimodon, Leptosaurus, Piocormus, Pleurosaurus* und *Acrosaurus*. Als größte Gattung gilt der bis zu 1, 50 Meter lange *Pleurosaurus goldfussi,* der wegen seiner schlangenförmigen Gestalt auch „Schlangensaurier" genannt wird. Der Artname *goldfussi* erinnert an den Bonner Paläontologen Georg August Goldfuß (1782–1848). Die Brückenechse *Homoeosaurus* war eines der kleinsten Reptilien aller Zeiten. Aus der Gegend von Kelheim in Bayern ist ein nur 8 Zentimeter langes Skelett bekannt.

<u>Die einzigen, heute noch lebenden Brückenechsen</u> kommen auf einigen kleinen neuseeländischen Inseln vor. Sie werden *Sphenodon punctatus* genannt – zu deutsch „punktierte Keilzahnechse". Diesen Begriff hatte der Kustos der zoologischen Abteilung des Britischen Museums in London, John Edward Gray (1800–1875), geprägt, der als erster das bis dahin unbekannte Reptil untersuchte und beschrieb. Dieses bis zu etwa 1 Meter lange Reptil hatte der Expeditionsleiter und Angehörige der Neuseeland-Kompagnie, der Arzt Ernst Dieffenbach (1811–1855) aus Gießen, 1839 auf Neuseeland gefangen, mit nach Europa genommen und – nachdem es verendet war – dem Britischen Museum geschenkt. Bei der Untersuchung fielen Kustos Gray

zunächst die großen keilförmigen Vorderzähne auf, die zu dem erwähnten Namen führten. Außerdem entdeckte er im Bereich des Scheitelbeins dieses Tieres eine durchsichtige Schuppe und unter dieser ein augenähnliches Organ, das sogenannte „dritte Auge" oder Schei-telauge. *Sphenodon punctatus* gilt als letzter Vertreter der Brückenechsen und ist somit ein sogenanntes „lebendes Fossil".

<u>Die ersten Pflasterzahnsaurier,</u> auch Placodontia genannt, erschienen in der Triaszeit vor etwa 250 Millionen Jahren. Diese Meeresreptilien starben gegen Ende dieser Periode vor etwa 205 Millionen Jahren bereits wieder aus. Sie waren vor allem in den Uferzonen flacher Meere heimisch. Dort ernährten sie sich von Muscheln, die sie mit ihren breiten, pflasterzahnartigen Zähnen zerquetschten.

<u>Zu den größten Pflasterzahnsauriern</u> Europas gehört die Art *Placodus gigas,* die bis zu 2,50 Meter Länge erreichte. Kieferreste von Pflasterzahnsauriern sind bereits im 19. Jahrhundert in der Gegend von Bayreuth (Bayern) entdeckt und 1830 durch den Naturforscher Georg Graf zu Münster (1776–1844) aus Bayreuth beschrieben worden. Der Schweizer Zoologe, Paläontologe und Geologe Louis Agassiz (1807–1873) ordnete diese Funde 1833 Fischen zu und gab ihnen den Namen *Placodus.* 1858 erkannte der britische Paläontologe Richard Owen (1804–1892) aus

Lebensbild von Fischsauriern (Ichthyosaurier),
Zeichnung des Berliner Tiermalers Heinrich Harder (1858–1935)

London, daß es sich in Wirklichkeit um Reptilien handelte. *Placodus* besaß schwarze pflastersteinähnliche Zähne am Kieferrand und Gaumen sowie lange Greifzähne am vorderen Ende des Kiefers. Mit letzteren Zähnen ergriff er hartschalige Beutetiere und zermalmte sie mit den Pflasterzähnen. Die unverdaulichen Schalen wurden ausgeseiht und die eßbaren Weichteile verschlungen. *Placodus* war schlecht an das Leben im Wasser angepasst. Sein Körper wirkt gedrungen, der Hals ist kurz und die Beine erinnern an jene der frühen auf dem Land lebenden Reptilien. Die Unterseite des Körpers war gut durch Bauchrippen geschützt.

Als einer der ersten Pflasterzahnsaurier mit einem schildkrötenartigen Panzer gilt *Placochelys*. Dieses gut an das Leben im Wasser angepaßte Reptil war vom Kopf bis zum Ende des kurzen Schwanzes maximal 90 Zentimeter lang. Es hatte einen schildkrötenartigen, aus Knochenplatten bestehenden Rücken- und Bauchpanzer. Die Gliedmaßen waren zu Schwimmpaddeln umgewandelt. Anders als *Placodus* besaß *Placochelys* keine langen Greifzähne am vorderen Ende des Kiefers, sondern stattdessen einen Hornschnabel.

Die stärkste Ähnlichkeit mit heutigen Schildkröten hatten die Pflasterzahnsaurier der Gattung *Henodus* gegen Ende der Triaszeit vor mehr als 210 Millionen Jahren. Diese Epoche wird Keuperzeit genannt. Wie bei den Schildkröten waren bei *Henodus* der Rücken und der Bauch durch einen knöchernen Panzer geschützt. Anstelle eines Pflasterzahngebisses trug dieser „Pflasterzahnsaurier" nur noch je zwei Zähne im Ober- und Unterkiefer. Er fraß kleine Krebstiere, die er mit einem Seihapparat aus dem Wasser filterte. Das Paläontologische Museum der Universität Tübingen besitzt insgesamt acht bis zu 1,20 Meter lange Skelette von *Henodus,* die in Lustnau bei Tübingen entdeckt wurden. Es sind weltweit die einzigen derartigen Placodontier-Funde!

Die ersten Fischsaurier (auch Ichthyosaurier genannt) tummelten sich in der Triaszeit vor mehr als 230 Millionen Jahren im Meer. Sie waren die am besten an das Leben im Meer angepassten Reptilien. Ihr stromlinienförmiger Körper ähnelte stark dem heutiger Delphine. Wie letztere konnten auch die Fischsaurier schnell schwimmen. Vielleicht erreichten sie eine Stundengeschwindigkeit von etwa 40 Kilometern. Der langgestreckte Kopf ließ sich gegen den Rumpf kaum bewegen, weil die Halswirbelsäule kurz und starr war. In den Kiefern saßen zahlreiche spitze Zähne, welche die Fischsaurier als Räuber ausweisen. Sie fraßen Tintenfische und gelegentlich kleinere Fischsaurier. Die insgesamt vier Paddel steuerten den von der mächtigen Schwanzflosse angetriebenen Körper.

*Fischsaurier Stenopterygius aus dem Posidonienschiefer
im Museum des Instituts für Geowissenschaften
an der „Ruprechs-Karl-Universität" in Heidelberg,
Foto von Armin Kübelbeck (Kuebi) bei „Wikipedia"*

Zu den frühesten Fischsauriern Nordamerikas aus der Triaszeit gehört der bis zu 10 Meter lange *Cymbospondylus,* von dem aus Nevada und Utah Funde vorliegen. Seine vier langen Gliedmaßen waren zu Paddeln umgebildet und wirkten wie die Flossen eines Fisches.

Einer der ältesten Fischsaurier Europas ist die Gattung *Mixosaurus,* die in der Triaszeit vor etwa 230 Millionen Jahren vorkam und auch in Asien und Nordamerika nachgewiesen wurde. Der maximal 1 Meter lange *Mixosaurus* hatte einen fischähnlichen Körper mit einer Rückenflosse und vermutlich eine schmale Flosse am Schwanzende. Von den vier kurzen Paddeln waren die beiden vorderen länger als die hinteren. Jedes Paddel besaß fünf Finger oder Zehen. *Mixosaurus* jagte Fische.

Als der größte Fischsaurier gilt die gegen Ende der Triaszeit vor mehr als 210 Millionen Jahren vorkommende Gattung *Shonisaurus,* die in Nordamerika heimisch war. Der bisher längste Fund erreichte 15 Meter. Bei ihm entfällt ein Drittel auf den Kopf und Hals, ein weiteres auf den Rumpf und das letzte Drittel auf den Schwanz. Seine Kiefer trugen nur vorne Zähne. Die vier Gliedmaßen hatten die Form ungewöhnlich schmaler und langer Paddel.

Die meisten und prächtigsten Funde von Fischsauriern kamen und kommen in etwa 190 Millionen Jahre alten Meeresablagerungen der frühen Jurazeit aus der Gegend von Holzmaden in Baden-Württemberg zum Vorschein. Dort wurden beim Schieferabbau Hunderte von Fischsauriern entdeckt, die mehreren Arten angehören. Die schönsten Fischsaurierfunde sind im Staatlichen Museum für Naturkunde in Stuttgart und im Museum Hauff in Holzmaden zu sehen.

Der am besten erforschte Fischsaurier ist der bis zu 3 Meter lange *Stenopterygius,* der im Jura vor etwa 190 Millionen Jahren in Europa verbreitet war. Von *Stenopterygius* sind in der Gegend von Holzmaden in Baden-Württemberg sehr vollständig erhaltene Skelettreste mit kompletter Körperumrisserhaltung überliefert.

Der schönste Fund eines trächtigen Fischsaurier-Weibchens wurde in Zell unter Aichelberg unweit von Holzmaden in Baden-Württemberg entdeckt. Es handelt sich um ein 2,10 Meter langes weibliches Tier der Art *Stenopterygius quadriscissus* mit drei Embryonen im Leib und einem 55 Zentimeter langen, durch Leichengeburt ausgepressten Embryo oder einem Jungtier im Augenblick der Geburt. Dieses einzigartige Exemplar stammt aus der frühen Jurazeit vor etwa 190 Millionen Jahren und wird im Staatlichen Museum für Naturkunde in Stuttgart aufbewahrt. Die Fischsaurier der Gattung *Stenopterygius* wurden maximal 5 Meter lang. Der fossil erhaltene Mageninhalt mancher Funde

Fischsaurier Eurhinosaurus,
Rekonstruktion von Nobu Tamura (http://spinops.blogspot.com)

Nothosaurier Ceresiosaurus calcagnii vom Monte San Giorgio im Tessin,
Zeichnung von Dmitry Bogdanov bei „Wikipedia"

zeigt, daß diese Tiere neben Tintenfischen gelegentlich auch Fische fraßen.

Der größte Fund eines Fischsauriers in Deutschland wurde in Ohmden unweit von Holzmaden in Baden-Württemberg geborgen. Dieses Prachtexemplar ist fast 9 Meter lang. Es lebte im Jura vor etwa 190 Millionen Jahren und gehört der Gattung *Leptopterygius* an, die mit der in England nachgewiesenen Gattung *Temnodontosaurus* identisch ist. Der Fischsaurier mit diesem Rekordmaß ist eine der Attraktionen des Staatlichen Museums für Naturkunde in Stuttgart, das wohl die bedeutendste Fischsaurier-Sammlung der Welt besitzt.

Der seltenste und merkwürdigste Fischsaurier aus der Gegend von Holzmaden in Baden-Württemberg ist der bis zu 8 Meter lange *Eurhinosaurus*. Auch er war ein Bewohner des Meeres, das im Jura vor etwa 190 Millionen Jahren weite Teile Süddeutschlands bedeckte. Bei *Eurhinosaurus* ist der Oberkiefer zweimal so lang wie der Unterkiefer. Deswegen erinnert dieser Fischsaurier an einen Schwertfisch. An den Seiten dieses „Sägeblatts" standen Zähne. Die Funktion dieses merkwürdigen Oberkiefers ist unbekannt. Es wird darüber spekuliert, ob er als Waffe oder beim Nahrungserwerb eingesetzt wurde. Im Mageninhalt von *Eurhinosaurus* wurden Tintenfischreste gefunden.

Zu den letzten Fischsauriern Deutschlands gehören die Funde aus der Kreidezeit vor mehr als 95 Millionen Jahren in Norddeutschland. Der am besten erhaltene Fund, ein etwa 9 Meter langes Skelett, wurde in der Grube Georg bei Salzgitter in Niedersachsen entdeckt. Weitere Fischsaurierreste aus dieser Zeit kennt man von Berenbostel und Kastendamm bei Hannover, Brunsen am Hils, Drispenstedt bei Hildesheim, Gitter bei Salzgitter, Hedwigsburg und Ahlum bei Wolfenbüttel, Moorhütte und Thiede bei Braunschweig und vom Spechtsbornkopf im Hils.

Die letzten Fischsaurier der Erde starben zu Beginn der Oberkreide vor etwa 95 Millionen Jahren aus. Sie gehörten zur Familie der Leptopterygiidae, zu der auch die bereits erwähnte Gattung *Leptopterygius* aus der frühen Jurazeit der Gegend von Holzmaden in Baden-Württemberg gerechnet wird.

Die ersten Flossenechsen schwammen in der Meeren der Triaszeit vor etwa 230 Millionen Jahren. In der Fachliteratur werden die Flossenechsen auch Sauropterygia genannt. Diese Ordnung der Reptilien ist seit der mittleren Triaszeit bekannt, ein Abschnitt der Erdgeschichte, der in Mitteleuropa als Muschelkalk-Zeit bezeichnet wird.

Am weitesten verbreitet unter den Flossenechsen der Triaszeit waren die Nothosaurier. Weil diese Saurier viele äußerliche Ähnlichkeiten mit anderen Reptilien haben, nennt man sie auch

Lebensbild von Plesiosaurus dolichodeirus,
Zeichnung von Dmitry Bogdanov bei „Wikipedia"

Bastardechsen. Die in der mittleren Trias nahezu weltweit vorkommenden Nothosaurier waren bis zu 6 Meter lang. Ihr Schädel konnte bis zu 1 Meter lang werden. Solche Rekordmaße hatte die Art *Nothosaurus giganteus*. Die Nothosaurier besaßen krokodilähnliche Gestalt und kurze, kräftige Beine, die zu Paddeln umgestaltet waren. Wegen letzteren heißen die Nothosaurier auch Paddelechsen. Die Nothosaurier lebten hauptsächlich im Meer und jagten darin Fische sowie kleinere Reptilien. Skelettreste von Nothosauriern sind in verschiedenen Gegenden Deutschlands gefunden worden, beispielsweise in Baden-Württemberg, Bayern, auf Helgoland, bei Berlin und in Thüringen. Zu den frühesten Funden gehört ein 1834 bei Bayreuth entdecktes nahezu vollständiges Skelett von *Nothosaurus*.

Den längsten Hals unter den Flossenechsen der frühen Jurazeit vor etwa 190 Millionen Jahren hatten die Plesiosaurier (auch Schlangenhalssaurier genannt). Eines dieser extrem langhalsigen Meeresreptilien war die Art *Plesiosaurus brachypterygius*. Von dieser Art wurden im Gebiet von Holzmaden in Baden-Württemberg etwa 3 Meter lange Skelette entdeckt. Das Reptil trug einen kleinen Kopf auf dem langen Hals, der etwa die Hälfte des ganzen Tieres ausmachte. Im Gegensatz zu den langhalsigen Plesiosauriern werden die kurzhalsigen Flossenechsen als Pliosaurier bezeichnet. Zu diesen gehört die Art *Rhomaleosaurus victor*,

von der in Baden-Württemberg im Raum Holzmaden zwei Exemplare und bei Ohmden ein Exemplar geborgen werden konnten. *Rhomaleosaurus victor* ist 3,80 Meter lang. Bisher ist nicht geklärt, ob die Plesio- und Pliosaurier lebendgebärend waren oder ob sie wie die im Meer lebenden Meeresschildkröten an Land Eier legten. Man nimmt an, daß diese Tiere Eier legten, weil bisher an keinem der Fundorte von Plesio- und Pliosauriern in Deutschland, England, den USA und Australien Muttertiere mit Embryonen im Leib und auch keine ausgeschlüpften Jungtiere geborgen werden konnten. In aufgebauschten Pressemeldungen über das sogenannte „Ungeheuer von Loch Ness" wurde dieses gelegentlich mit den letzten Plesiosauriern in Verbindung gebracht. In Wirklichkeit sind die letzten Plesiosaurier gegen Ende der Kreidezeit vor etwa 65 Millionen Jahren ausgestorben.

Der größte kurzhalsige Pliosaurier in der Jurazeit war der gegen Ende dieser Periode vor mehr als 135 Millionen Jahren lebende *Liopleurodon* mit einer Gesamtlänge von etwa 12 Meter. Sein stromlinienförmiger Körper mit dem mächtigen Kopf und dem dicken Hals erinnert an einen Wal. *Liopleurodon* ist in England, Frankreich, Deutschland und in Rußland nachgewiesen worden.

Der längste Pliosaurier lebte in der Kreidezeit vor etwa 120 Millionen Jahren im Gebiet von Australien. Er heißt

*Lebensbild von Raubdinosauriern der Gattung Megalosaurus,
Zeichnung von Mariana Ruiz Villarreal (LadyofHats) bei „Wikipedia"*

Kronosaurus und erreichte eine Länge von maximal 12,80 Meter, wobei allein der Schädel schon 2,70 Meter lang war. Letzterer übertraf an Größe sogar den des riesenhaften Raubdinosauriers *Tyrannosaurus rex. Kronosaurus* jagte Fische.

Als längster Plesiosaurier gilt der gegen Ende der Kreidezeit vor mehr als 65 Millionen Jahren in Asien und Nordamerika beheimatete, bis zu 14 Meter lange *Elasmosaurus*. Sein Hals konnte bis zu 8 Meter lang werden. Er wurde durch 71 Wirbel gebildet, mehr als doppelt so viele, als die frühesten Plesiosaurier besaßen. Der Hals von *Elasmosaurus* war so beweglich, daß er damit beidseitig nahezu einen Kreis beschreiben konnte. Weil derartige Bewegungen im Wasser auf großen Widerstand stoßen, meinen manche Paläontologen, *Elasmosaurus* sei an der Meeresoberfläche geschwommen und hätte seinen Hals daraus hervorgestreckt.

Der geologisch älteste Dinosaurier wurde in rund 230 Millionen Jahre alten Schichten der Triaszeit am Osthang der Anden in Argentinien entdeckt. Dabei handelt es sich um das nahezu vollständig erhaltene Skelett eines auf zwei Beinen gehenden Räubers, der maximal 2,50 Meter groß war und schätzungsweise mehr als 100 Kilogramm wog. Er besaß einen langgestreckten vogelähnlichen Schädel und kurze mit Klauen bewehrte Hände. Der Fund erhielt den

Namen *Herrerasaurus,* womit der Amateurpaläontologe Victorino Herrera geehrt wurde, der die ersten Überreste entdeckt hatte.

Die erste Abbildung eines Dinosaurierfundes ist in dem Buch „Naturgeschichte der Grafschaft Oxfordshire" von 1677 aus der Feder des englischen Professors Robert Plot (1640–1696) aus Oxford enthalten. Er deutete diesen Fund irrtümlicherweise als Elefantenknochen oder Oberreste von Riesen. In Wirklichkeit zeigten seine Zeichnungen den Teil eines Oberschenkelknochens des Raubdinosauriers *Megalosaurus*.

Die erste wissenschaftliche Beschreibung eines Dinosauriers wurde 1824 von dem englischen Paläontologen William Buckland (1784–1856) aus Oxford vorgenommen, der damals Zähne und Knochen des Raubdinosauriers *Megalosaurus* aus Stonesfield bei Oxford untersuchte.

Die erste Entdeckung von Dinosaurierspuren in Amerika glückte 1802 dem zwölfjährigen Farmerssohn Pliny Moody beim Pflügen eines Feldes unweit von South Hadley im US-Bundesstaat Massachusetts. Dabei stieß er auf einen Stein, der einen dreizehigen Fußabdruck aufwies. Zeitgenossen hielten diesen Fund für ein Relikt aus der Zeit der biblischen Sintflut und meinten, daß es sich um Fußspuren des Raben handelte, den

Die erste Entdeckung von Dinosaurierspuren
gelang 1802 in South Hadley im US-Bundesstaat Massachusetts

Noah fliegen ließ, damit er das Festland suche.

Der größte Dinosaurier war der pflanzenfressende *Argentinosaurus* („argentinische Echse") mit einer Länge von etwa 45 Metern, einer Höhe von ungefähr 8 Metern und einem Gewicht von schätzungsweise 80 bis 100 Tonnen. *Argentinosaurus* existierte in der mittleren Kreidezeit vor etwa 110 bis 95 Millionen Jahren in Südamerika. Zeitweise galt der ebenfalls pflanzenfressende *Supersaurus* aus Nordamerika als größter Dinosaurier aller Zeiten. *Supersaurus* lebte gegen Ende der Jurazeit vor mehr als 135 Millionen Jahren und war schätzungsweise 43 Meter lang. Von *Supersaurus* wurden 1972 in Colorado ein Schulterblatt und ein Nackenwirbel entdeckt. Ein 1988 geborgenes Becken mit Rückenwirbeln von 1,83 Meter Höhe wird ebenfalls *Supersaurus* zugerechnet. *Argentinosaurus* und *Supersaurus* waren länger als der heutige Blauwal, der mit maximal 30 Meter als das größte Tier der Gegenwart gilt.

Als größter Raubdinosaurier gilt der bis zu 17 Meter lange und schätzungsweise 9 Tonnen schwere *Spinosaurus,* der in der mittleren Kreidezeit vor etwa 90 Millionen Jahren in Nordafrika (Ägypten, Marokko) lebte. Er trug ein mindestens 1,75 Meter hohes Rückensegel, wie die mannslangen Dornfortsätze der Wirbelsäule zeigten, und an seinen Händen drei Hakenklauen.

Weitere große Raubdinosaurier sind der 13 Meter lange *Giganotosaurus* und der 12 Meter lange *Tyrannosaurus,* der früher als größter Raubdinosaurier gegolten hatte.

Größter Dinosaurier Europas könnte mit etwa 30 Meter Länge und schätzungsweise 50 Tonnen Gewicht der pflanzenfressende *Turiasaurus riodevensis* aus Spanien gewesen sein. Das linke Vorderbein von *Turiasaurus* war etwa 3,50 Meter lang, der Oberarmknochen maß etwa 1,80 Meter. *Turiasaurus* existierte in der späten Jurazeit vor etwa 150 Millionen Jahren. Der Name der Gattung *Turiasaurus* beruht auf Turia, einem seit dem 12. Jahrhundert überlieferten Ortsnamen, aus dem der heutige Name der ostspanischen Provinz Teruel hervorging. Der Artname *riodevensis* erinnert an den Fundort Riodeva.

Einer der kleinsten Dinosaurier der Erde war der Zwergdinosaurier *Compsognathus longipes* aus Jachenhausen bei Riedenburg in Bayern. Er lebte in der späten Jurazeit vor etwa 150 Millionen Jahren und war mit einer Gesamtlänge von 65 Zentimetern nur so groß wie eine heutige Hauskatze. *Compsognathus* gilt als flinker Räuber, der mit seinen zweifingrigen Händen Beutetiere packte. Er fraß unter anderem kleinere Reptilien. In seiner Leibeshöhle wurden Reste einer Brückenechse gefunden. *Compsognathus longipes* wurde 1858 in einem Steinbruch entdeckt und 1861 wissenschaftlich beschrieben. Er gehört zu den

Raubdinosaurier Spinosaurus mit Rückensegel,
Zeichnung von Dmitry Bogdanov bei „Wikipedia"

Zwergdinosaurier Compsognathus,
Zeichnung von Nobu Tamura (http://spinops.blogspot.com) bei „Wikipedia"

schlanken, sehr leicht gebauten und flinken Coelurosauriern („Hohlknochen-Saurier").

Als am besten erhaltener zweibeiniger Raubdinosaurier gilt der etwa 75 Zentimeter lange *Juravenator starki* („Jäger des Juragebirges") aus der späten Jurazeit vor etwa 150 Millionen Jahren. Dieser Sensationsfund wurde 1998 von den Brüdern Klaus-Dieter Weiß und Hans Weiß im Solnhofener Plattenkalk bei Schamhaupten unweit von Eichstätt in Bayern entdeckt. Sogar Weichteile und Abdrücke der Haut sind sichtbar, aber keine Federn. Der Artname *starki* erinnert an den Eigentümer des Grundstückes, auf dem dieses einmalige Fossil zum Vorschein kam. Vom etwa gänsegroßen *Juravenator starki* kennt man bisher nur das Exemplar von Schamhaupten, bei dem es sich um ein Jungtier handelt. Man rechnet ihn zu den Coelurosauriern („Hohlknochen-Saurier").

Der kleinste Dinosaurier, der je gefunden wurde, hatte nur die Größe einer Drossel. Dabei handelt es sich jedoch nicht um die kleinste Art von Dinosauriern, sondern um ein Jungtier aus der Verwandtschaft der Gattung *Plateosaurus,* die in der Triaszeit vor mehr als 210 Millionen Jahren auch in Deutschland vorkam und erwachsen bis zu 7 Meter lang wurde. Der winzige Fund gelang in Argentinien. Er trägt den Namen *Mussaurus,* weil er etwa die Größe einer Maus (mus = Maus) hat.

Als einer der größten Raubdinosaurier wird der „König der Tyrannenechsen" mit dem wissenschaftlichen Namen *Tyrannosaurus rex* betrachtet. Dieser kam gegen Ende der Kreidezeit vor mehr als 65 Millionen Jahren in Nordamerika vor. Er war maximal 6 Meter hoch und 12 Meter lang. Seine Beute hielt er vermutlich mit den kräftigen Hinterbeinen fest. Denn die schwachen und kurzen Vorderarme mit zwei bekrallten Fingern waren hierfür nicht geeignet. Ein Teil der Forscher hält *Tyrannosaurus rex* für einen aktiven Räuber, der andere Dinosaurier überfiel, andere dagegen beschreiben ihn lediglich als plumpen Aasfresser, der sich am Fleisch verendeter Tiere gütlich tat.

Als größter Panzer-Dinosaurier gilt die Gattung *Ankylosaurus* mit einer Länge von bis zu 10 Metern. Er kam in der Kreidezeit vor mehr als 65 Millionen Jahren in Nordamerika vor. Sein Rücken und die Flanken wurden durch dicke Knochenplatten und Hautdorne vor Angreifern geschützt. *Ankylosaurus* war ein Pflanzenfresser.

Der größte Horn-Dinosaurier war das Dreihorn Triceratops *aus Nordamerika, das in de*r Kreidezeit vor mehr als 65 Millionen Jahren lebte. Dieses Tier wurde bis zu 9 Meter lang und wog schätzungsweise 6 Tonnen. Der massige Schädel erreichte eine Länge von mehr als 2 Metern. Sein Nacken wurde durch einen kräftigen Schild geschützt. Von den drei Hörnern dieses

Raubdinosaurier Juravenator starki in Fundlage,
Foto von „Superikonoskop" bei „Wikipedia"

*Lebensbild des Panzer-Dinosauriers Ankylosaurus,
Zeichnung von Mariana Ruiz Villarreal (LadyofHats) bei „Wikipedia"*

*Lebensbild des Horn-Dinosauriers Triceratops,
Zeichnung von Dmitry Bogdanov bei „Wikipedia"*

Lebensbilder der Elefantenfußdinosaurier Apatosaurus (oben)
und Giraffatitan (unten),
Zeichnungen von Dmitry Bogdanov bei „Wikipedia"

pflanzenfressenden Dinosauriers waren die beiden über den Augen mit einem Meter Länge die größten. Sie dienten zusammen mit dem Horn auf der Nase als Verteidigungswaffe gegenüber angreifenden Raubdinosauriern.

Das größte in einem Museum ausgestellte Dinosaurierskelett steht im Naturkunde-Museum der Humboldt-Universität Berlin. Es stammt von einem 12 Meter hohen Dinosaurier der Gattung *Giraffatitan*. Früher wurde dieser Fund als *Brachiosaurus* – zu deutsch „Arm-Echse" – bezeichnet. Der Name „Arm-Echse" beruht darauf, daß die Vorderextremitäten deutlich länger sind als die Hinterbeine. Der Pflanzenfresser *Giraffatitan* lebte im Jura vor mehr als 135 Millionen Jahren in Ostafrika und in Colorado (USA). Der Berliner *Giraffatitan* wurde bei einer Grabungsexpedition deutscher Paläontologen in den Jahren 1909 bis 1913 am Tendaguru-Hügel in Tansania, damals Deutsch-Ostafrika, entdeckt. Präparation und Aufstellung dieses riesenhaften Dinosauriers dauerten 26 Jahre.

Der größte in Deutschland nachgewiesene Dinosaurier war eine „Donnerechse" aus der Verwandtschaft von *Apatosaurus* (auch „*Brontosaurus*" genannt). Von einem solchen mehr als 20 Meter langen und etwa 30 Tonnen schweren Giganten wurde 1979 in einem Steinbruch des Ortsteils Münchehagen von Rehburg-Loccum (Niedersachsen) eine fast 30 Meter lange

Spur entdeckt. Sie wird durch 22 elefantenähnliche Fußabdrücke gebildet. Die Vorderfüße erreichen einen Durchmesser von 40 und die Hinterfüße von 60 Zentimetern. Die Schrittweite beträgt 2,70 Meter und die Gangbreite 1,20 Meter. Diese Spur stammt von einem Tier mit fast 3 Meter langen Beinen. *Apatosaurus* war ein pflanzenfressender Dinosaurier mit kleinem Kopf, schlangenähnlichem Hals und peitschenförmigem Schwanz. Die Spur von Münchehagen entstand in der Kreidezeit vor etwa 120 Millionen Jahren.

Der größte aus Deutschland bekannte Raubdinosaurier stammt aus der Gruppe um *Megalosaurus* („Groß-Echse"). Seine Existenz ist durch dreizehige, 63 Zentimeter lange Fußabdrücke aus dem Ortsteil Barkhausen von Bad Essen (Kreis Osnabrück) in Niedersachsen belegt. Die Megalosaurier behaupteten sich weltweit zwischen etwa 205 und 65 Millionen Jahren. Sie waren bis zu 5 Meter groß und 12 Meter lang.

Der erste und einzige Fund eines Papageien-Dinosauriers in Europa wurde bereits 1855 in einem Steinbruch bei Bückeburg in Niedersachsen entdeckt. Er erhielt den wissenschaftlichen Namen *Stenopelix valdensis* und lebte in der Kreidezeit vor mehr als 120 Millionen Jahren. *Stenopelix valdensis* war etwa 2 Meter lang und gilt als Pflanzenfresser.

*Pflanzenfressender Dinosaurier Iguanodon (Leguanzahn),
Zeichnung von Tim Beakart bei „Wikipedia"*

*Kopf des Dinosauriers Coelophysis,
Zeichnung von John Conway bei „Wikipedia"*

<u>Der erste und einzige Fund von Dinosauriern in Österreich</u> glückte 1859 in Muthmannsdorf am Fuße der Hohen Wand nahe Wiener Neustadt. Dort wurden damals ein unvollständiges Skelett des pflanzenfressenden Panzer-Dinosauriers *Struthiosaurus austriacus* („Strauß-Echse" aus Österreich) sowie ein Zahn des Raubdinosauriers *Megalosaurus* („Groß-Echse") und Reste eines Flugsauriers *(Ornithocheirus bunzeli)* entdeckt. *Struthiosaurus* lebte in der späten Kreidezeit vor etwa 70 Millionen Jahren, war bis zu 3 Meter lang, 80 Zentimeter hoch und wog schätzungsweise etwa 200 Kilogramm. Er trug Knochenplatten um den Hals, kleine Knochenhöcker auf dem Rücken und dem Schwanz sowie eine Reihe von Dornen auf den Körperflanken. Funde der Gattung *Struthiosaurus* kennt man auch aus Frankreich, Rumänien und Ungarn.

<u>Der tiefste Fundort von Dinosauriern</u> ist eine Kohlengrube der belgischen Stadt Bernissart. Darin wurden 1877/78 in 322 Meter Tiefe zahlreiche Skelettreste des pflanzenfressenden Dinosauriers *Iguanodon* entdeckt. Bei den anschließenden Ausgrabungen konnten 29 zum Teil sehr gut erhaltene Skelette dieser Gattung geborgen werden. Sie stammen aus der Kreidezeit vor mehr als 120 Millionen Jahren. Im Musée Royal d'Histoire Naturelle de Belgique in Brüssel sind elf dieser Skelette in Originalgröße aufgestellt und zwei weitere in Fundlage. Sie dürften weltweit die größte und imposanteste Gruppe von Dinosauriern sein, die in einem Museum zu sehen sind. *Iguanodon* wurde bis zu 5 Meter hoch und 10 Meter lang. Am Daumen beider Hände trug er einen Stachel, der vermutlich zur Verteidigung diente. Funde von *Iguanodon* kennt man aus Europa (Belgien, Deutschland, Rumänien, England), Asien (Mongolei), Südafrika und Australien. Aus Deutschland sind vor allem dreizehige Fußspuren bekannt.

<u>Die einzigen Jungtiere der Dinosauriergattung Iguanodon</u> wurden bei Ausgrabungen in Nehden bei Brilon im Sauerland (Nordrhein-Westfalen) entdeckt. Das besser erhaltene der beiden Skelette ist ungefähr 2,70 Meter lang. Diese Funde stammen aus der Kreidezeit vor etwa 120 Millionen Jahren.

<u>Die größte Anzahl von Dinosaurier-Skeletten einer einzigen Gattung</u> wurde 1947 in einem Massengrab bei der sogenannten „Geister-Ranch" in Neu-Mexiko entdeckt. An diesem Ort fand man Überreste von mehreren hundert Exemplaren der Dinosauriergattung *Coelophysis* aus der Triaszeit vor mehr als 210 Millionen Jahren. *Coelophysis* war ein flinker Räuber mit einem Gewicht von schätzungsweise 30 Kilogramm.

<u>Die meisten Dinosaurier-Skelette von einer Gattung</u> in Deutschland kamen zwischen 1911 und 1932 in Trossingen

Dinosaurier Plateosaurus, „schwäbischer Lindwurm" genannt,
Zeichnung von Nobu Tamura (http://spinops.blogspot.com) bei „Wikipedia"

Platten-EchseStegosaurus,
Zeichnung von Nobu Tamura (http://spinops.blogspot.com) bei „Wikipedia"

östlich von Villingen-Schwenningen in Baden-Württemberg zum Vorschein. 1911/12 wurden dort ein vollständiges Skelett und ein Skelettrest, 1921–1923 weitere 14 Skelettreste und 1932 vier komplette und 17 nahezu vollständige Skelette sowie 42 Skeletteile des Dinosauriers *Plateosaurus* gefunden. Dieser wird wegen seines häufigen Vorkommens in Baden-Württemberg und wegen seiner Popularität als „schwäbischer Lindwurm" bezeichnet. Die Plateosaurier lebten gegen Ende der Triaszeit vor mehr als 210 Millionen Jahren. Sie waren bis zu 7 Meter lang und 1,50 Meter hoch. Die Form ihrer Zähne deutet darauf hin, daß sich die Plateosaurier sowohl von pflanzlicher als auch tierischer Kost ernährten.

Den größten Kopf unter den Dinosauriern hatte wahrscheinlich der bereits erwähnte Raubdinosaurier *Tyrannosaurus rex*. Schädelfunde von ihm sind bis zu 1,20 Meter lang. In beiden Kiefern stecken zahlreiche bis zu 18 Zentimeter lange Zähne.

Das kleinste Gehirn unter den Dinosauriern hatte vermutlich die „Platten-Echse" *Stegosaurus,* die im Jura vor mehr als 135 Millionen Jahren in Nordamerika vorkam. Es war nur so groß wie eine Walnuss. Außer diesem winzigen Gehirn im Kopf besaß *Stegosaurus* ein „zweites Gehirn" in der Hüftgegend in Form eines verdickten Nervenknotens, welcher als zusätzliches Steuerorgan für Hinterbeine und Schwanz diente. *Stegosaurus* war bis zu 8 Meter lang. Er trug auf dem Rücken zwei Reihen von blattähnlichen Knochenplatten, die vermutlich als Temperaturregler funktionierten.

Den längsten Kamm auf dem Kopf trug der Helm-Dinosaurier *Parasaurolophus* aus Nordamerika. Der Kamm erreichte bis zu 1,80 Meter Länge und dürfte ein Schallresonanz-Organ gewesen sein, mit dem die Tiere laute Töne hervorbringen konnten. *Parasaurolophus* lebte in der Kreidezeit vor etwa 65 Millionen Jahren.

Die größte Anzahl von Zähnen aller Dinosaurier hatte der Entenschnabel-Dinosaurier *Edmontosaurus (*früher *Anatosaurus)*. Er lebte in der Kreidezeit vor mehr als 65 Millionen Jahren. Dieser in Nordamerika beheimatete und bis zu 13 Meter lange Pflanzenfresser besaß insgesamt etwa 2000 in Reihen angeordnete Zähne. Die Zähne, die sich beim Kauen abgenutzt hatten, wurden ersetzt.

Die größten Fußabdrücke von Dinosauriern wurden 1984 von deutschen Wissenschaftlern in Asturien (Nordspanien) entdeckt. Sie sind 1,35 Meter lang und 1,18 Meter breit und wurden von dreizehigen Raubdinosauriern der Art *Gigantosauropus asturiensis* hinterlassen. Die insgesamt 70 Meter lange Spur ist im Jura vor mehr als 135 Millionen Jahren entstanden.

Als die ältesten Flugsaurier gelten die Anfang der 1970-er Jahre bei Bergamo

Helm-Dinosaurier Parasaurolophus,
Zeichnung von „Steveoc 86" bei „Wikipedia"

Entenschnabel-Dinosaurier Edmontosaurus,
Zeichnung von Nobu Tamura (http://spinops.blogspot.com) bei „Wikipedia"

in Norditalien entdeckten Gattungen *Peteinosaurus* und *Eudimorphodon*. Sie lebten in der Triaszeit vor etwa 220 Millionen Jahren.

Die ältesten Flugsaurier Deutschlands heißen *Dorygnathus* und *Campylognathoides*. Beide sind in der Jurazeit vor etwa 190 Millionen Jahren in Süddeutschland heimisch gewesen. Die prächtigsten Funde glückten in der Gegend von Holzmaden in Baden-Württemberg. *Dorygnathus* und *Campylognathoides* hatten eine Flügelspannweite bis zu 1,75 Meter. Ihr langer Schwanz endete mit einem Segel, das zum Manövrieren beim Fliegen und Landen diente. Diese beiden Flugsauriergattungen ernährten sich von Fischen, die sie im Meer fingen. Bei *Dorygnathus* wurden auf der Flughaut haarähnliche Gebilde und zwischen den Zehen eine Schwimmhaut festgestellt.

Die meisten Arten von Flugsauriern kennt man aus der Jurazeit vor etwa 150 Millionen Jahren in der Gegend von Solnhofen und Eichstätt in Bayern. Dort konnten bisher insgesamt 19 verschiedene Flugsaurier nachgewiesen werden. Davon sind 12 Kurzschwanz-Flugsaurier und 7 Langschwanz-Flugsaurier. An Kurzschwanz-Flugsauriern kamen vor: *Pterodactylus elegans*, *Pterodactylus micronyx*, *Pterodactylus kochi*, *Pterodactylus antiquus*, *Pterodactylus longicollum*, *Pterodactylus grandis*, *Germanodactylus cristatus*, *Germanodactylus rhamphasti-*

nus, *Gallodactylus suevicus*, *Ctenochasma gracile*, *Ctenochasma porocristata* und *Gnathosaurus subulatus*. Außerdem weiß man von folgenden Langschwanz-Flugsauriern: *Rhamphorhynchus lonqicaudus*, *Rhamphorhynchus intermedius*, *Rhamphorhynchus muensteri*, *Rhamphorhynchus gemmingi*, *Rhamphorhynchus longiceps*, *Scaphognathus crassirostris* und *Anurognathus ammoni*. Der größte davon war *Pterodactylus grandis* mit einer imposanten Flügelspannweite von zweieinhalb Meter, der kleinste *Pterodactylus elegans* im Spatzenformat.

Die meisten Zähne von allen Flugsauriern besaß der Flugsaurier *Pterodaustro* aus der Unterkreidezeit vor mehr als 120 Millionen Jahren. Er hatte mehr als 1000 Zähne. Mit seinem siebartigen Gebiss filterte er Kleinstlebewesen (Plankton) aus dem Wasser. *Pterodaustro* hatte eine Flügelspannweite bis zu 1,20 Meter.

Die meisten Zähne von den in Deutschland nachgewiesenen Flugsauriern hatten die im Jura vor etwa 150 Millionen Jahren lebenden Kurzschwanz-Flugsaurier *Ctenochasma* und *Gnathosaurus* aus dem Raum Solnhofen und Eichstätt in Bayern. Allein im Reusengebiss von *Ctenochasma* befanden sich ungefähr 360 Zähne, während *Gnathosaurus* über etwa 130 Zähne verfügte. *Ctenochasma* und *Gnathosaurus* filterten mit ihrem

Flugsaurier Dorygnathus (oben) und Campylognathoides (unten),
Zeichnungen von Dmitry Bogdanov bei „Wikipedia"

Flugsaurier Scaphognathus (oben) und Rhamphorhynchus (unten),
Zeichnungen von Dmitry Bogdanov bei „Wikipedia"

Riesige Kurzschwanz-Flugsaurier der Art Quetzalcoatlus northropi,
Lebensbild aus einer Publikation von Mark P. Witton und Darren Nash

Reusengebiss Plankton aus dem Meerwasser.

Der größte Flugsaurier wurde 1972 in Texas entdeckt. Er erreichte eine Flügelspannweite von maximal 12 Meter, lebte gegen Ende der Kreidezeit vor mehr als 65 Millionen Jahren und wird *Quetzalcoatlus northropi* genannt. Sein Gattungsname erinnert an den als gefiederte Schlange dargestellten altmexikanischen Gott Quetzalcoatl, sein Artname an das amerikanische Flugzeug Northrop YB-49. Dieser riesige Flugsaurier war möglicherweise ein Aasfresser, der sich von Überresten verendeter Tiere ernährte.

Die ersten Krokodile erschienen in der mittleren Triaszeit vor mehr als 230 Millionen Jahren. Sie waren Landtiere und werden der Unterordnung Sphenosuchia zugerechnet. Zu letzterer gehörte beispielsweise die Gattung *Gracilisuchus* mit nur 30 Zentimeter Länge aus Südamerika. Dieses winzige Krokodil fraß unter anderem kleine Eidechsen.

Die ältesten in Deutschland nachgewiesenen Krokodile stammen aus der oberen Triaszeit vor etwa 220 Millionen Jahren. Es ist die Gattung *Saltoposuchus* aus dem Stubensandstein von Württemberg. Etwa 30 Millionen Jahre jünger sind die Skelettreste von über 5 Meter langen meereslebenden Krokodilen der Gattung *Steneosaurus* aus dem Gebiet von Holzmaden in Baden-Württemberg. Seltener und etwas kleiner waren die

ebenfalls aus dem Holzmadener Raum bekannten Gattungen *Platysuchus* (bis zu 4 Meter lang) und *Pelagosaurus* (bis zu 1,50 Meter lang).

Das längste Krokodil war der gegen Ende der Kreidezeit vor mehr als 65 Millionen Jahren in Nordamerika heimische *Deinosuchus* – zu deutsch „schreckliches Krokodil". Manchmal wird es in der Fachliteratur auch *Phobosuchus* genannt, was so viel wie „Horrorkrokodil" bedeutet. *Deinosuchus* besaß einen mehr als 2 Meter langen Schädel. Seine Gesamtlänge wird auf etwa 15 Meter geschätzt. Ähnlich lang wie *Deinosuchus* soll eine Gavialart namens *Rhamphosuchus* aus der Zeit vor weniger als 5 Millionen Jahren gewesen sein, die in Indien nachgewiesen wurde.

Die meisten Arten von Krokodilen in Deutschland wurden im Geiseltal bei Halle/Saale (Sachsen-Anhalt) und in der Grube Messel bei Darmstadt (Hessen) aus etwa 45 Millionen Jahre alten Schichten des Eozäns geborgen. Im Geiseltal ließen sich insgesamt sechs Krokodilarten identifizieren: *Asiatosuchus germanicus, Diplocynodon hallense, Pristichampsus geiseltalensis, Pristichampsus magnifrons, Allognathosuchus brevirostris* und *Allognathosuchus weigelti*. Aus der Grube Messel sind sieben Krokodilarten bekannt: *Allognathosuchus haupti, Diplocynodon darwini, Diplocynodon ebertsi, Asiatosuchus ger-*

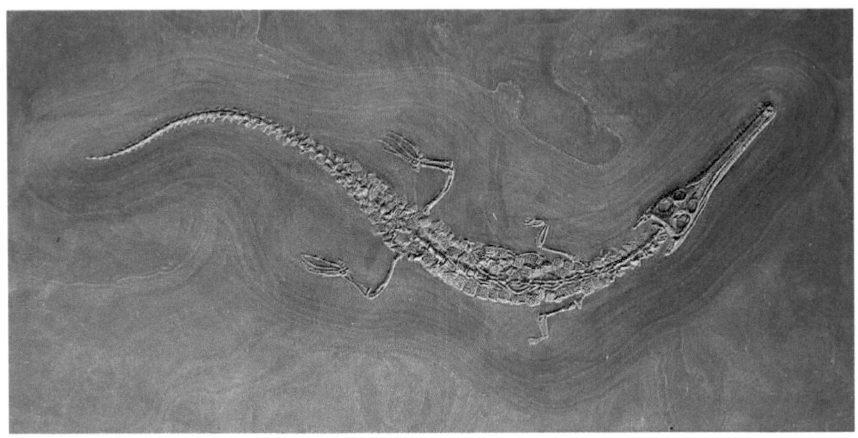

*Meereskrokodil Steneosaurus aus Holzmaden in Baden-Württemberg,
Foto von Didier Descouens bei „Wikipedia"*

*Riesenkrokodil
Deinosuchus
(„schreckliches
Krokodil") bzw.
Phobosuchus
(„Horrorkrokodil"),
Zeichnung von
Stanton F. Fink
bei „Wikipedia"*

manicus, Bergisuchus dietrichbergi, Pristichampsus rollinati und *Baryphracta deponiae*. Davon war *Asiatosuchus germanicus* mit maximal 4 Meter Länge das größte Krokodil.

Die letzten Krokodile Europas sind vermutlich im Pliozän vor etwa 5,3 bis 2,3 Millionen Jahren ausgestorben. Ihnen dürfte das Klima allmählich zu kühl geworden sein.

Die ersten Schildkröten wurden in mehr als 205 Millionen Jahre alten Schichten der Triaszeit in Baden-Württemberg entdeckt. Damals waren schon zwei unterschiedliche Gruppen vorhanden. Die eine davon hatte einen hochgewölbten Panzer wie die Gattung *Proterochersis* und die andere einen bis zu 1 Meter langen, sehr flachen Panzer wie *Proganochelys*. Die Urschildkröte *Proganochelys* konnte bei Gefahr ihren Schädel nicht unter den Panzer ziehen, weil ihr Hals ebenso wie der Schwanz mit Knochendornen versehen war. Sie hatte auf dem Gaumen Zähne und einen zahnlosen Hornschnabel, wie er für moderne Schildkröten typisch ist. Mit *Proganochelys* ist die aus Halberstadt in Sachsen-Anhalt bekannte Gattung *Triassochelys* identisch.

Die meisten Schildkröten Deutschlands aus der Jurazeit vor etwa 150 Millionen Jahren kamen im Gebiet von Solnhofen in Bayern zum Vorschein. Die Gattungen heißen *Plesiochelys, Idiochelys, Eurysternum* und *Solnhofia*.

Die ältesten Schildkrötenreste Deutschlands aus der Kreidezeit vor etwa 120 Millionen Jahren stammen aus Nehden bei Brilon im Sauerland in Nordrhein-Westfalen. Die damaligen Schildkröten waren Zeitgenossen mehrerer Dinosaurierarten.

Als größte und schwerste Landschildkröte gilt die bis zu 2,50 Meter lange, schätzungsweise 80 Zentner schwere Riesen-Landschildkröte *Megalochelys atlas*. Sie war in der Kreidezeit in Indien heimisch, ernährte sich von Pflanzen und starb vor etwa 70 Millionen Jahren aus. Heute ist die Galapagos-Riesenschildkröte *Chelonoidis elephantopus* mit einer Länge von 1,20 Meter und einem Gewicht von 4,50 Zentner die imposanteste Schildkröte.

Die größte Landschildkröte Deutschlands war die im Eozän vor etwa 45 Millionen Jahren im Gebiet des heutigen Geiseltals vorkommende *Geochelone eocaenica*. Deren Panzer erreichte eine Länge bis zu 1 Meter. *Geochelone* hielt sich auf dem trockenen Land auf. Dagegen lebte die ebenfalls aus dem Geiseltal bekannte Schildkröte *Trionyx* im fließenden Wasser, die Gattung *Chrysemys* in sumpfigen Gewässern und *Geoemyda* auf feuchten Böden in Wassernähe. Auch aus der Grube Messel bei Darmstadt sind mehrere Schildkrötengattungen bekannt.

Der kleinste Fund einer Schildkröte aus Deutschland wurde in Messel geborgen.

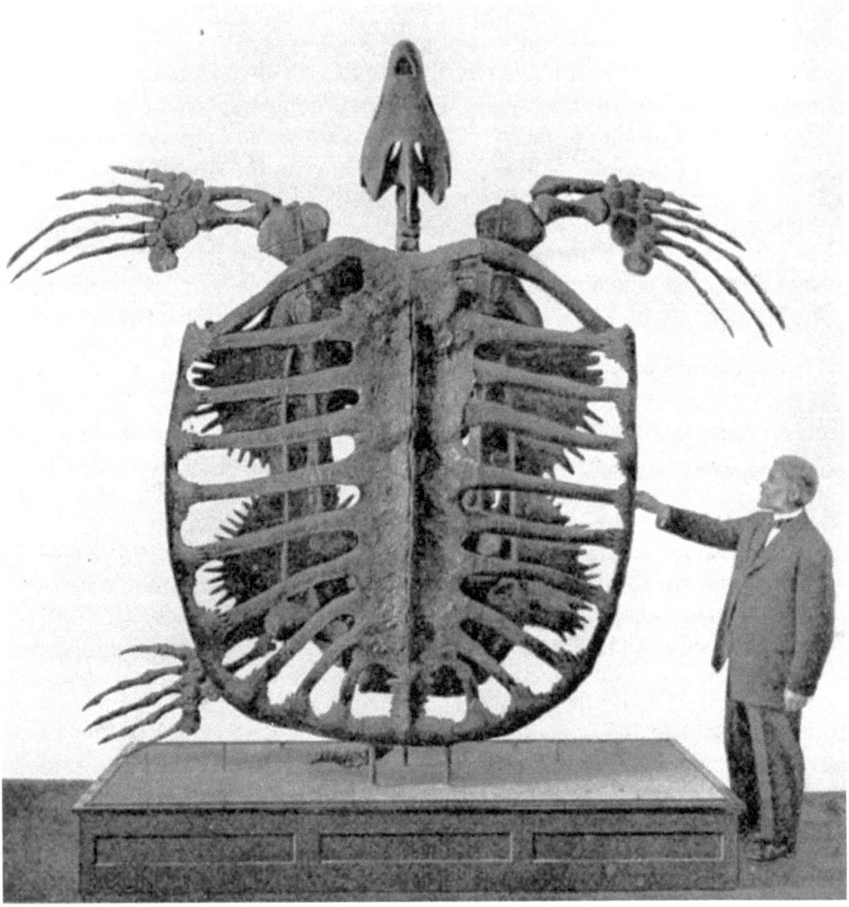

Foto oben: Fossiles Skelett der Meeresschildkröte Archelon im „Yale Peabody Museum"

Bild unten: Meeresschildkröte Archelon, Zeichnung von Dmitry Bogdanov bei „Wikipedia"

Dabei handelt es sich um ein Jungtier der Weichschildkröte *Allaeochelys* von nur 5 Zentimeter Länge. Es besaß bereits kräftig entwickelte Krallen.

Die größte Schildkröte und größte Meeresschildkröte war *Archelon ischyros* aus der Oberkreidezeit vor etwa 72 Millionen Jahren. Sie erreichte eine Länge bis zu 4,50 Metern. Die Spitzen ihrer ausgebreiteten Vorderpaddel lagen bis zu vier Meter auseinander. Fossile Reste dieser riesigen Schildkröte fand man in South Dakota, Arkansas, Texas, Kansas und Nebraska in Ablagerungen des „Western Interior Sea Way". Dabei handelte es sich um ein Meer, das große Teile von Nordamerika bedeckte. Der erste Fund glückte 1895 dem amerikanischen Paläontologen George Reber Wieland (1865–1953) am Südarm des Cheyenne River, etwa 55 Kilometer östlich der Black Hills in South Dakota. In dieser Gegend entdeckte man in den 1970-er Jahren das bisher größte und vollständigste Skelett von *Archelon*. Jener Fund wird heute im „Naturhistorischen Museum Wien" ausgestellt. Aus South Dakota unweit der Hauptstatt Pierre stammen die beiden jüngsten *Archelon*-Funde von 1996 und 1998. *Archelon* lebte im flachen Wasser des „Western Interior Seaway". Weil sie keine Zähne trug, nimmt man an, dass diese Schildkröte ein Allesfresser war und sowohl Pflanzen als auch weiche tierische Nahrung verzehrte. Die enorme Größe einer erwachsenen *Archelon* dürfte sicherlich ausreichenden Schutz

vor Freßfeinden geboten haben. Deswegen konnte der Knochenteil des Panzers reduziert werden. Das erleichterte die Fortbewegung im Wasser. Der Rückenpanzer von *Archelon* bestand nur aus quer verlaufenden Knochenbändern, die aus den Rippen entsprangen. Wie bei Lederschildkröten, den nächsten heute lebenden Verwandten, war der Rückenpanzer von einer dicken ledrigen Haut überzogen und möglicherweise von Hornplatten bedeckt.

Die größte Meeresschildkröte Deutschlands im Oligozän vor etwa 35 Millionen Jahren war die Seeschildkröte *Chelonia gwinneri*. Aus Flörsheim am Main in Hessen ist ein 73,5 Zentimeter langer Fund dieser Tierart bekannt.

Die letzten Landschildkröten der Gattung Geochelone in Deutschland behaupteten sich bis zum Miozän vor etwa 15 Millionen Jahren. Diese bis zu 1 Meter lange Gattung der Landschildkröten kam zu dieser Zeit beispielsweise in Sandelzhausen bei Mainburg in Bayern vor.

Die einzige Schildkrötenart Deutschlands aus dem Pliozän vor etwa 3 Millionen Jahren existierte in der Gegend von Willershausen bei Göttingen in Niedersachsen. Sie ähnelte der heute in Amerika heimischen Gattung der Alligatorschildkröte *Chelydra*.

Die größte Süßwasserschildkröte war die Gattung *Stupendemys* aus Süd-

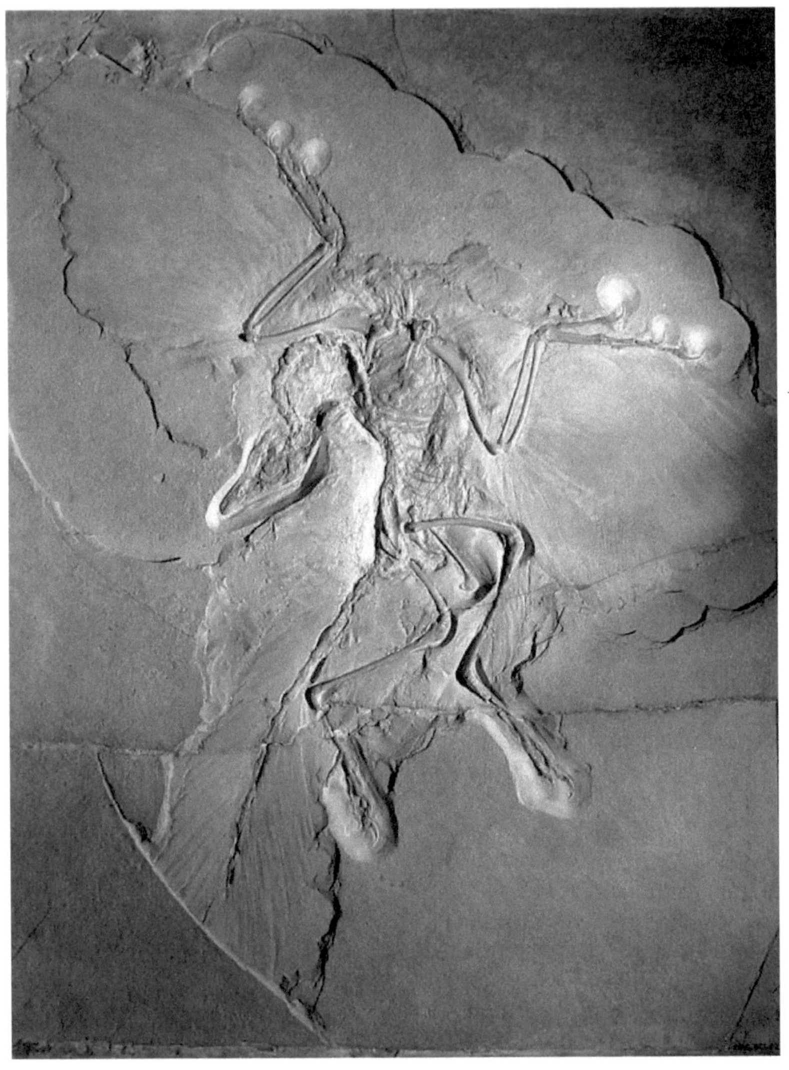

Urvogel Archaeopteryx („Berliner Exemplar")
vom Blumenberg bei Eichstätt im Museum für Naturkunde in Berlin,
Foto von H. Raab („Vesta") bei „Wikipedia"

amerika. Ihr Panzer wurde bis zu 1,80 Meter lang. Dieses Tier starb im Pliozän vor etwa 3 Millionen Jahren aus. Es konnte wegen seines enormen Gewichtes lange tauchen und fraß Wasserpflanzen. Die heutigen größten Süßwasserschildkröten erreichen allenfalls 75 Zentimeter Länge.

Zu den ältesten Schildkrötenfunden aus der Jungsteinzeit in Deutschland gehören die Reste der Europäischen Sumpfschildkröte *(Emys orbicularis)* aus der Zeit der Linienbandkeramischen Kultur vor mehr als 5000 v. Chr. in Straubing-Lerchenhaid (Niederbayern). Das Vorkommen von Sumpfschildkröten gilt als ein Indiz für ein mildes Klima. Denn diese Tiere behaupten sich heute nur in Gebieten mit langer Sonnenscheindauer im Sommer.

Die ältesten, meisten und schönsten Urvögel kamen im Gebiet von Solnhofen und Eichstätt in Bayern zum Vorschein. In dieser Gegend wurden bisher eine Feder und elf mehr oder minder gut erhaltene Skelette von Urvögeln der Gattung *Archaeopteryx* entdeckt. Diese Vogelvorfahren hatten Merkmale von Vögeln (Federn) und von Reptilien (reptilienähnliches Gehirn, Zähne im Kiefer, Krallen an den ersten drei Fingern und einen aus Wirbeln aufgebauten Schwanz). Die bayerischen Urvögel lebten in der Jurazeit vor etwa 150 Millionen Jahren. Sie flatterten noch recht unbeholfen von höheren Standorten aus zu Boden, da sie noch kein

knöchernes Brustbein besaßen und deshalb wenig Ansatzflächen für die Flugmuskulatur boten.

Ur-Vogel-Funde aus Bayern:
1855: Entdeckung eines fragmentarisch erhaltenen Urvogel-Skeletts ohne Kopf in Jachenhausen bei Riedenburg (Niederbayern). Der Fund wurde im Teylermuseum in Haarlem (Haarlemer Exemplar) aufbewahrt und bis 1970 als Flugsaurier fehlgedeutet.
1860: Entdeckung des Federabdruckes eines Urvogels auf zwei Platten im Gemeindesteinbruch von Solnhofen. Der Frankfurter Forscher Hermann von Meyer bezeichnete diesen Fund als *Archaeopteryx lithographica*. Eine Platte wird im Museum für Naturkunde in Berlin und die andere im Paläontologischen Museum München aufbewahrt.
1861: Entdeckung eines Urvogel-Skeletts ohne Kopf auf der Langenaltheimer Haardt bei Solnhofen. Der Fund wird im Britischen Museum in London aufbewahrt (Londoner Exemplar).
Zwischen 1874 und 1876: Entdeckung eines Urvogel-Skeletts mit Kopf auf dem Blumenberg bei Eichstätt. Der Fund wird im Museum für Naturkunde in Berlin aufbewahrt (Berliner Exemplar).
1951: Entdeckung eines Urvogel-Skeletts mit Kopf auf der Petershöhe bei Workerszell. 1973 wurde dieses Fossil als weiterer Urvogel wissenschaftlich beschrieben. Der Fund ist im

Lebensbild „Archaeopteryx" von Heinrich Harder,
Illustration zu einem Artikel des Schriftstellers Wilhelm Bölsche
in der Zeitschrift „Die Gartenlaube" von 1906

Jura-Museum in Eichstätt öffentlich ausgestellt (Eichstätter Exemplar).

1956: Entdeckung eines fragmentarisch erhaltenen Ur-Vogel-Skeletts ohne Kopf auf der Langenaltheimer Haardt bei Solnhofen. Der Fund (Maxberg-Exemplar oder Opitsch-Exemplar) gilt seit dem Tod des Entdeckers im Jahre 1991 als verschollen.

1985: Entdeckung eines Urvogels in der Nähe von Eichstätt durch einen türkischen Gastarbeiter. Wegen dieses Fundes gab es jurististische Auseinandersetzungen um die Besitzrechte. Das Fossil wurde 1988 von dem Münchener Paläontologen Peter Wellnhofer als Urvogel beschrieben. Dieser Urvogel wird im Bürgermeister-Müller-Museum in Solnhofen aufbewahrt.

1990: In Daiting (Schwaben) glückte um 1990 der Fund eines fragmentarisch erhaltenen Urvogels, den man im unpräparierten Zustand irrtümlich als Rest eines Flugsauriers deutete. Dieser Fund (Daitinger Exemplar) wurde vom Steinbruchbesitzer an einen unbekannten Sammler verkauft. Einige Jahre später kamen nach der Präparation des Fossils erstmals Zweifel an der ursprünglichen Deutung auf. 1996 begutachtete der Bamberger Paläonto-loge Matthias Mäuser einen Abguß des Fossils, wobei er dessen wahre Natur als *Archaeopteryx* erkannte. 2009 erwarb der Fossilienhändler Raimund Albersdörfer aus Schnaittach die *Archaeopteryx* aus Daiting.

Sommer 1992: Entdeckung eines Urvogels mit Kopf durch den Pächter Jürgen Hüttinger in einem Steinbruch der „Solenhofer Aktien-Verein AG" auf der Langenaltheimer Haardt bei Solnhofen. Der Fund wurde 1993 durch den Münchener Paläontologen Peter Wellnhofer als neue Art namens *Archaeopteryx bavarica* beschrieben. Das Fossil (Exemplar des Solnhofener Aktienvereins) wird im Paläontologischen Museum München aufbewahrt.

Frühjahr 2004: Ein fragmentarisch erhaltenes Urvogel-Skelett wurde am Solaberg von Solnhofen im Naturpark Altmühltal dem Steinbrecher Karl Schwegler entdeckt. Auf der Platte sind ein Ober- und Unterarm, bekrallte Finger und Teile des Federkleids zu sehen. Das Fossil (Exemplar der Familien Ottmann & Steil) befindet sich im Bürgermeister-Müller-Museum in Solnhofen.

2005: Burkhard Pohl, der Besitzer des Wyoming Dinosaur Center in Thermopolis (USA), erwarb 2005 mit Hilfe eines unbekannten Spenders einen Urvogel-Fund (Thermopolis-Exemplar), der ebenso gut erhalten ist wie das zwischen 1874 und 1876 entdeckte berühmte „Berliner Exemplar" vom Blumenberg bei Eichstätt. Die Vorbesitzerin aus der Schweiz gab schriftlich an, daß das Fossil aus der Sammlung ihres Ende der 1970-er Jahre verstorbenen Mannes stammt. Das genaue Funddatum, der Fundort und der Entdecker sind unbekannt.

2011: Im Oktober 2011 wurde durch Zeitungsartikel der elfte Fund eines

Flugunfähiger Tauchvogel
Hesperornis,
Lebensbild des Tiermalers F. John

Laufvogel Gastornis
(früher Diatryma genannt),
Zeichnung von Monika Betley
bei „Wikipedia"

Archaeopteryx-Skeletts aus Bayern bekannt. Das Federkleid und die Knochen dieses Fossiils sind sehr gut erhalten.

Die ältesten nicht nur als Abdrücke erhaltenen Vogelfedern wurden in einem mehr als 120 Millionen Jahre alten kreidezeitlichen Bernsteinstück aus dem Libanon entdeckt. Sie sind etwa 30 Jahrmillionen jünger als die Federabdrücke der versteinerten Urvögel aus Bayern. Dieser Prachtfund wird im Staatlichen Museum für Naturkunde in Stuttgart aufbewahrt, das eine wertvolle Bernsteinsammlung besitzt.

Die ältesten flugunfähigen Vögel sind aus der Kreidezeit vor etwa 80 Millionen Jahren bekannt. Zu ihnen zählt beispielsweise der bis zu 1,80 Meter lange pinguinähnliche *Hesperornis* – zu deutsch „Vogel des Westens" – aus Nordamerika. Seine Flügel waren verkümmert.

Als der älteste und größte Laufvogel Europas gilt der 2 Meter große *Gastornis,* der im Paläozän vor etwa 60 Millionen Jahren in Frankreich und Deutschland lebte. Er hatte einen großen Schädel, ein kleines Flügelskelett und riesenhafte Füße. Der 1855 vorgeschlagene Gattungsname *Gastornis* erinnert an den französischen Physiker und Paläontologen Gaston Planté (1834–1889). Er hatte 1855 bei Meudon unweit von Paris das erste Fossil dieses Laufvogels entdeckt. Dabei handelte es

sich um einen fast 45 Zentimeter langen linken Unterschenkelknochen.

Der größte Laufvogel Deutschlands war der 2 Meter große *Gastornis* aus dem Paläozän vor etwa 60 Millionen Jahren. Er ist durch Funde aus Walbeck bei Magdeburg in Sachsen-Anhalt nachgewiesen. Weitere Fossilien von *Gastornis* aus dem Eozän vor etwa 45 Millionen Jahren barg man im Geiseltal bei Halle/Saale (Sachsen-Anhalt) und in der Grube Messel bei Darmstadt (Hessen). Die Funde aus dem Geiseltal und aus Messel wurden früher der Gattung *Diatryma* zugeordnet, der man irrtümlich eine räuberische Lebens-weise zuschrieb.

Die ältesten Fossilien eines modernen Kolibris wurden in einer Tongrube bei Frauenweiler unweit von Wiesloch in Baden-Württemberg entdeckt. Dabei handelt es sich um zwei jeweils etwa 4 Zentimeter lange Skelette aus dem Oligozän vor mehr als 30 Millionen Jahren. Wie die moderne Kolibri-Gattung *Trochilus* besitzen sie einen langen Schnabel und Flügel, die es ihnen erlaubten, im Schwirrflug vor Blüten schwebend Nektar zu trinken. Die Fossilien aus der Gegend von Frauenweiler erhielten den Artnamen *Eurotrochilus inexpectatus* – zu deutsch: „unerwarteter europäischer Trochilus". Zuvor hatte man bereits Fossilien primitiver Kolibris in der Alten Welt gefunden. Im Oligozän verfügten Kolibris noch über ein größeres Ver-

Lebensbild des Stirton-Donnervogels
(Dromornis stirtoni),
Zeichnung von Nobu Tamura
(http://spinops.blogspot.com
bei „Wikipedia"

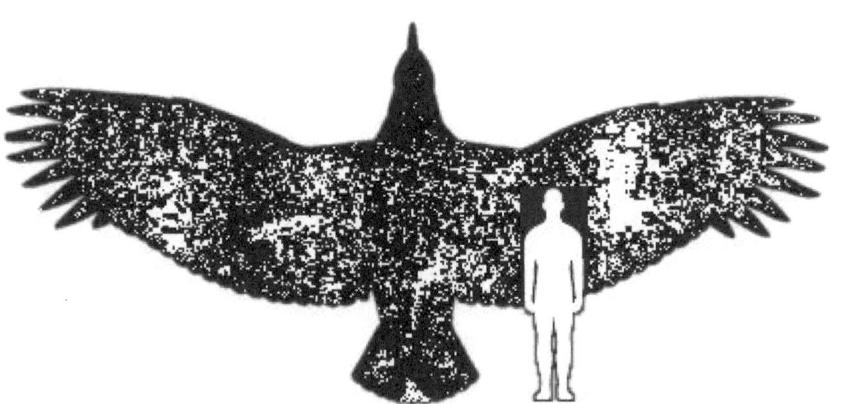

Größenvergleich zwischen dem Greifvogel Argentavis magnificens
mit einer Flügelspannweite bis zu 8 Metern und einem Menschen,
Zeichnung: wpclipart / http://www.wpclipart.com

breitungsgebiet als in der Gegenwart. Später starben sie in Europa, Afrika und Asien aus. Heute leben sie nur noch in Nord- und Südamerika.

Der größte Meeresvogel war *Pelagornis sandersi* aus dem Oligozän vor etwa 28 bis 25 Millionen Jahren in Nordamerika. Seine imposante Flügelspannweite von schätzungsweise 6,40 Metern übertraf diejenige heutiger „Riesen der Lüfte" wie Adler, Albatross und Kondor um mehr als das Doppelte. Fossile Reste dieses riesigen Urzeit-Vogels kamen 1983 bei der Erweiterung des Flughafens von Charleston in South Carolina (USA) ans Tageslicht. Der Artname *sandersi* erinnert an den Ausgrabungsleiter Albert Sanders.

Als schwerster Vogel gilt der Stirton-Donnervogel *(Dromornis stirtoni)* aus dem Obermiozän vor etwa 8 bis 6 Millionen Jahren in Australien. Das Lebendgewicht dieses bis zu 2,80 Meter hohen Laufvogels betrug schätzungsweise bis zu 570 Kilogrmam. Mit dem Artnamen *stirtoni* wurde der amerikanische Paläontologe Ruben Arthur Stirton (1901–1966) geehrt, der ab 1953 an Ausgrabungen in Australien teilgenommen und dabei bisher unbekannte Tierarten entdeckt hatte.

Der größte flugfähige Vogel dürfte der mit den Geiern verwandte Greifvogel *Argentavis magnificens* aus Argentinien gewesen sein, der dort im Miozän vor etwa 8 bis 5 Millionen Jahren heimisch

war. Seine Flügelspannweite betrug bis zu 8 Meter. Er war doppelt so groß wie der heutige Andenkondor, der mit einer Flügelspannweite von 3,30 Metern als der größte fliegende Vogel der Gegenwart gilt.

Die größten Vögel lebten noch in der Nacheiszeit auf Neuseeland. Weibliche Tiere der dort vorkommenden Riesen-Moa *Dinornis maximus und Dinornis novaezealandiae* waren bis zu 3,60 Meter groß. Männliche Tiere dieser Arten waren merklich kleiner und brüteten die Eier der Weibchen aus. Die Gattung *Dinornis* („Schreckensvogel" wurde 1843 durch den britischen Zoologen und Paläontologen Richard Owen (1804–1892) erstmals wissenschaftlich beschrieben.

Die größten Eier wurden von weiblichen Elefantenvögeln *(Aepyornis maximus)* gelegt, die im Eiszeitalter vor etwa 2 Millionen Jahren bis vielleicht zur Heutzeit im 17. Jahrhundert auf der Insel Madagaskar vor Ostafrika existierten. Solche Riesen-Eier waren bis zu 35 Zentimeter lang und 25 Zentimeter hoch. Sie erreichten einen Umfang bis zu 1 Meter und ein Gewicht von 12,5 Kilogramm. Ihr Inhalt entsprach demjenigen von mehr als 200 heutigen Hühnereiern mit einem Durchschnittsgewicht von 60 Gramm. Obwohl er nicht fliegen konnte, dürfte der mehr als 3 Meter hohe *Aepyornis maximus* das Vorbild für die Legende vom sagenhaften „Vogel Rock" (auch Roch genannt) gewesen

Lebensbild eines Riesen-Moa auf Neuseeland,
Zeichnung des Berliner Tiermalers Heinrich Harder (1858–1935)

*Kleines Mädchen mit riesigem Ei eines Elefantenvogels auf Madagaskar,
Lebensbild von Antje Püpke, Berlin, www.fixebilder.de*

Lebensbild des Halbaffen Plesiadapis,
Zeichnung von Nobu Tamura (http://spinops.blogspot.com) bei „Wikipedia"

Lebensbild des Uintatherium („Ungeheuer von Uinta"),
Zeichnung des Berliner Tiermalers Heinrich Harder (1858–1935)

sein, der angeblich sogar tonnenschwere Elefanten ergreifen und mit ihnen davonfliegen konnte. Das Gewicht des Madagaskar-Straußes *Aepyornis* wird auf über 400 Kilogramm geschätzt.

Der größte Greifvogel der Neuzeit (um 1450 bis heute) war der auf Neuseeland lebende Haast-Adler *(Harpagornis moorei)*. Er erreichte eine Flügelspannweite bis zu 3 Metern und ein Lebendgewicht von schätzungsweise maximal 18 Kilogramm. Die wissenschaftliche Erstbeschreibung dieses Greifvogels erfolgte 1872 durch den aus Deutschland stammenden, nach Neuseeland ausgewanderten und vom österreichischen Kaiser geadelten Geologen und Naturforscher Julius von Haast (1824–1887). Beutetiere dieses Greifvogels waren verschiedene flugunfähige Moa.

Zu den ersten Säugetieren gegen Ende der Triaszeit vor mehr als 205 Millionen Jahren, die Insekten verzehrten, gehören die Gattungen *Morganucodon, Eozostrodon* und *Kuehneotherium.* Der Gattungsname *Kuehneotherium* erinnert an den deutschen Paläontologen Walter Georg Kühne (1911–1991).

Die ältesten Halbaffen Deutschlands wurden in Walbeck, etwa 8 Kilometer nordöstlich von Helmstedt entfernt, gefunden. Zu ihnen gehörten der katzengroße *Plesiadapis walbeckensis* und der eichhörnchengroße *Saxonella crepaturae,* die im Paläozän vor etwa 60 Millionen Jahren lebten. Letzteres ist

der älteste Abschnitt der Erdneuzeit. Halbaffen sind weniger entwickelt als die zeitlich später auftretenden Affen und Menschenaffen. Sie hatten beispielsweise ein kleineres Gehirn und schlechtere Augen, dafür jedoch noch einen besseren Riechsinn.

Das größte Säugetier im Paläozan vor etwa 65 bis 53 Millionen Jahren war das *Uintatherium,* das nach Skelettresten aus den Uinta-Bergen in Utah (USA) benannt wurde. Dieses so genannte „Ungeheuer von Uinta" hatte eine Schulterhöhe von 2 Meter und eine Länge von 4 Meter. Auf seinem massigen Schädel trug es sechs Hörner, die ihm ein bizarres Aussehen verliehen. Zwei Hörner standen auf der Stirn, zwei über den Augen und zwei auf dem Maul. Der Körper dieses Tieres ähnelte dem eines Nashorns.

Die ersten Pelzflatterer segelten im Paläozän vor etwa 60 Millionen Jahren mit Hilfe von seitlich ausgespannten Flughäuten von Baum zu Baum. Der Pelzflatterer *Planetetherium* aus Nordamerika war 25 Zentimeter lang. Er trug kammartig gezackte Schneidezähne, von denen jeder etwa fünf Spitzen hatte.

Die ältesten Wale stammen von raubtierähnlichen, an Land lebenden Säugetieren ab, die das Wasser als neuen Lebensraum erkoren hatten. Aus Pakistan kennt man den etwa 50 Millionen Jahre alten Schädelrest einer Über-

*Lebensbild des Urpferdes Eohippus („Pferd der Morgenröte"),
Zeichnung des Berliner Tiermalers Heinrich Harder (1858–1935)*

*Lebensbild des Insektenfressers Leptictidium nassutum,
Zeichnung von „DagdaMor" bei „Wikipedia"*

gangsform namens *Pakicetus,* die sich teilweise an Land und im Wasser aufgehalten hat. Die ältesten Skelettreste von Walen in Deutschland sind in etwa 40 Millionen Jahre alten Schichten aus dem Eozän von Helmstedt (Niedersachsen) geborgen worden.

Die ältesten Pferde lebten im Eozän vor mehr als 50 Millionen Jahren in Nordamerika und Europa. Die in Amerika beheimatete Form wird *Eohippus* („Pferd der Morgenröte") genannt, diejenige aus Europa dagegen *Hyracotherium.* Heute weiß man, daß beide identisch sind, benutzt jedoch dessen ungeachtet weiterhin beide Begriffe. *Eohippus* und *Hyracotherium* waren kaum größer als heutige Füchse. Ihre Beine hatten noch keine Hufe, sondern Pfoten. An den vorderen Pfoten gab es vier und an den hinteren drei Zehen. Damit konnten diese Pferdeahnen rasch auf sumpfigen Urwaldböden laufen. Die damaligen Urpferde fraßen Blätter und Kräuter, Gras gab es noch nicht.

Der erste Säugetierfund aus der Grube Messel bei Darmstadt in Hessen war ein Kiefer des Urhuftiers *Kopidodon macrognathus,* das im Eozän vor etwa 45 Millionen Jahren lebte. Dieses Fossil wurde 1902 als Rest eines Affen fehlgedeutet, 1932 einem Urraubtier zugeschrieben und erst 1969 richtig als Urhuftier erkannt. *Kopidodon* trug im Ober- und Unterkiefer furchterregende Eckzähne, woran sein Gattungsname erinnert. *Kopidodon* heißt nämlich zu

deutsch „Säbelzahn". Spätere Funde von komplett erhaltenen Skeletten zeigten, daß *Kopidodon* etwa 90 Zentimeter lang wurde.

Die am besten erhaltenen Fledermäuse aus dem Eozän vor etwa 45 Millionen Jahren wurden in der Grube Messel entdeckt. Im Mageninhalt der Fledermausart *Palaeochiropteryx tupaiodon* hat man sogar Reste von nachtaktiven Schmetterlingen nachgewiesen. Diese Jagdbeute sowie die kleinen Augen und der den heutigen Fledermäusen entsprechende Flugapparat deuten darauf hin, daß die Messeler Fledermäuse zum Beutefang bereits ein akustisches Ortungssystem mit Ultraschall besaßen.

Die ersten auf zwei Beinen laufenden Säugetiere wurden in der Grube Messel nachgewiesen. Dabei handelt es sich um die Insektenfresserarten *Leptictidium auderiense, Leptictidium nasutum* und *Leptictidium tobieni,* die im Eozän vor etwa 45 Millionen Jahren lebten. Ihre Hinterbeine waren länger als die Vorderbeine, mit denen sie ihre Nahrung greifen konnten.

Der kleinste Halbaffe aus der Urzeit dürfte der kaum mausgroße *Nannopithex* gewesen sein, der im Eozän vor etwa 45 Millionen Jahren in der Gegend des heutigen Geiseltals bei Halle/Saale in Sachsen-Anhalt auf Bäumen lebte. Er hatte scharfe Augen, ein sicheres Gleichgewichtsgefühl sowie Hände und

Fleischfressendes Säugetier Andrewsarchus,
Zeichnung von Dmitry Bogdanov bei „Wikipedia"

Füße, die gut Zweige und dünne Äste umfassen konnten.

Der erste und einzige Ameisenbär aus Europa wurde von dem Fossiliensammler Gerhard Jores aus Darmstadt in der Grube Messel ausgegraben. Ihm zu Ehren erhielt dieses vom Kopf bis zur Schwanzspitze 86 Zentimeter lange Tier den wissenschaftlichen Namen *Eurotamandua joresi.* Der Messeler Ameisenbär lebte im Eozän vor etwa 45 Millionen Jahren. Er ähnelt der heutigen Gattung *Tamandua,* die teilweise auf Bäumen und auf dem Erdboden lebt.

Die ältesten Schuppentiere wurden in der Grube Messel entdeckt. Dabei handelt es sich um Funde von Fossiliensammlern. Nach einem von ihnen, nämlich Rudolf Wald aus Frankfurt/ Main, hat man die Messeler Schuppentiere als *Eomanis waldi* bezeichnet. Diese Tiere existierten im Eozän vor etwa 45 Millionen Jahren und wurden etwa einen halben Meter lang.

Als frühester Vorfahre der Igel wird der in der Grube Messel nachgewiesene „Schuppenschwanz" *(Pholidocercus hassiacus)* betrachtet. Er lebte im Eozän vor etwa 45 Millionen Jahren. Das Tier wurde maximal 35 Zentimeter lang, Kopf und Rumpf waren etwa 20 Zentimeter lang. Auf den Schwanz entfielen bis zu 15 Zentimeter. Der Schwanz steckte in einer Röhre von Knochenschuppen, die

mit Hornschuppen bedeckt war, worauf der Name „Schuppenschwanz" beruht. Auf der Stirn hatte dieses Tier eine Hornplatte. Der Rücken war durch abspreizbare Haare geschützt. Mit den langen gespaltenen Krallengliedern hat *Pholidocercus* im Laub des Waldbodens nach Pflanzen und Insekten gegraben.

Die ersten Tapire in Deutschland sind aus dem Eozän vor etwa 45 Millionen Jahren nachweisbar. Als größte im Geiseltal bei Halle/Saale vertretene Gattung gilt das bis zu 2,50 Meter lange und 1 Meter hohe *Lophiodon.* Im hessischen Messel existierte der kleinere Tapir *Hyrachius minimus* mit einer Schulterhöhe von 60 Zentimeter.

Die längste Schein-Säbelzahnkatze erschien im Eozän vor weniger als 40 Millionen Jahren in Europa und gelangte einige Jahrmillionen später im Oligozän über die Bering-Landbrücke im heutigen Bering-Meer nach Nordamerika. Diese *Eusmilus* genannte Schein-Säbelzahnkatze erreichte wie ein heutiger Leopard eine Gesamtlänge von etwa 2,50 Meter. Ihr Kiefergelenk war so gebaut, daß das Tier das Maul besonders weit aufreißen konnte.

Als größtes fleischfressendes Landsäugetier gilt die 4 Meter lange Gattung *Andrewsarchus* aus Asien im Eozän vor weniger als 40 Millionen Jahren. Allein der Schädel war fast 1 Meter lang.

*Lebensbild des krallenfüßigen „Huftieres" Chalicotherium,
Zeichnung von Dmitry Bogdanov bei „Wikipedia"*

Andrewsarchus war vermutlich ein Aasfresser.

Die ersten Kamele der Gattung Protylopus im Eozän vor weniger als 40 Millionen Jahren waren nur so groß wie Kaninchen. Sie erreichten maximal eine Gesamtlänge von 50 Zentimetern. Diese Tiere kamen in Nordamerika vor, wo sie sich von weichem Laub ernährten.

Als erstes krallenfüßiges „Huftier" wird das im Eozän vor weniger als 40 Millionen Jahren in Nordamerika und Asien heimische *Eomoropus* angesehen. Es hatte einen pferdeartigen Kopf und Körper, statt Hufen jedoch lange Krallen an den Beinen. Es lebte im Wald und fraß Laubblätter. Krallenfüßige „Huftiere" lebten vor etwa zehn Millionen Jahren im Miozän auch in Mitteleuropa. Die in Deutschland vorkommende Art *Chalicotherium goldfussi* war bei aufgerichteter Körperhaltung fast 3 Meter hoch. Tiere dieser Spezies konnten mit der hakenförmigen Hand Äste herunterziehen und so an die Blätter in höheren Regionen gelangen. Die meisten krallenfüßigen „Huftiere" sind in einer Felsspalte bei Neudorf an der March in der Slowakei entdeckt worden. Dort fand man Reste von fast 60 Exemplaren.

Die ersten Bärenhunde – eine Mischung aus Bär und Hund – erschienen im Eozän vor weniger als 40 Millionen Jahren in Europa. Einer ihrer frühesten Vertreter war die Gattung *Pseudocyo-*

nopsis. Diese Tiere fraßen Fleisch von Beutetieren, aber auch Früchte.

Die ältesten Seekühe Deutschlands schwammen im Oligozän vor etwa 30 Millionen Jahren im Meer. Besonders prächtige Funde wurden in Rheinhessen (Rheinland-Pfalz) entdeckt. Sie stammen von Seekühen der Gattung *Halitherium*. Letztere ist auch aus der Niederrheinischen Bucht und der Leipziger Bucht bekannt.

Die ersten Hirsche sind im Oligozän vor mehr als 30 Millionen Jahren in Asien aufgetaucht. Der frühe Hirsch *Eumeryx* trug auf seinem langen und niedrigen Schädel noch kein Geweih. Die männlichen Tiere hatten dolchartige Eckzähne im Oberkiefer wie das heutige Wassermoschustier.

Das größte Landsäugetier war das 6 Meter hohe, 9 Meter lange und 30 Tonnen schwere hornlose Nashorn *Paraceratherium* (früher *Baluchitherium*, *Indricotherium* oder *Dzungariotherium* genannt). Es lebte im Oligozän vor mehr als 25 Millionen Jahren in Asien – unter anderem in Baluchistan (Pakistan). Dieser Gigant hatte einen fast 1,50 Meter langen Schädel und einen 2,50 Meter langen Hals. Vom Aussehen her wirkte das imposante Tier eher wie ein riesiges Pferd als wie ein Nashorn. *Paraceratherium* äste Laub von den Bäumen.

Die ersten Affen sind im Oligozän vor mehr als 25 Millionen Jahren in

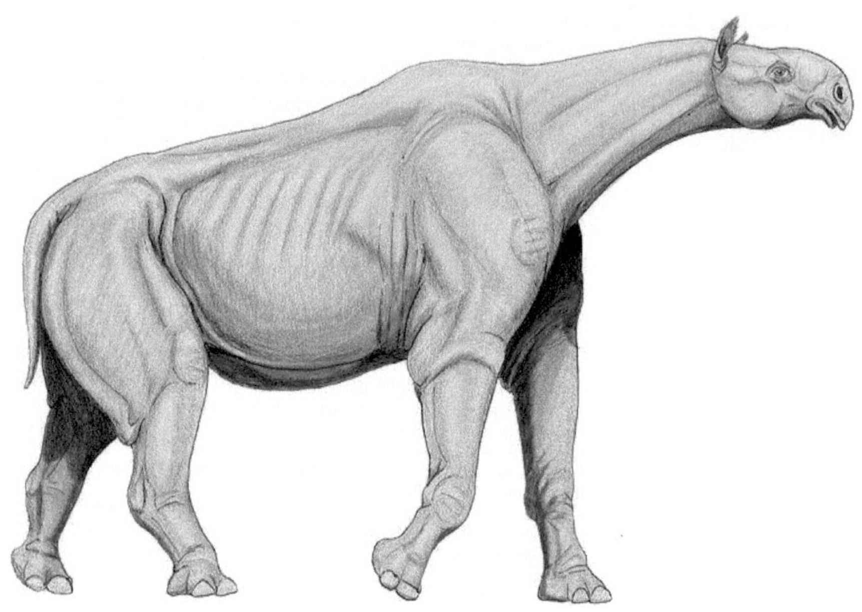

Hornloses Nashorn Paraceratherium,
Zeichnung von Dmitry Bogdanov bei „Wikipedia"

Afrika erschienen. Einer von ihnen ist der damals in Ägypten heimische schwanzlose *Aegyptopithecus zeuxis.* Er war so groß wie ein Gibbon und hangelte sich mit seinen Armen im Geäst von Bäumen. Dieser frühe Affe gilt als möglicherweise letzter gemeinsamer Ahne von Menschenaffen und Menschen.

Der älteste Hase Europas, *Shamolagos franconicus* genannt, ist in Möhren bei Treuchtlingen in Mittelfranken (Bayern) entdeckt worden. Er existierte im Oligozän vor mehr als 25 Millionen Jahren. Seine niedrigkronigen Zähne zeigen, daß er weniger harte Pflanzennahrung als heutige Hasen fraß.

Das älteste Flughörnchen Europas wurde in Möhren bei Treuchtlingen nachgewiesen. Der Fund stammt aus einer mehr als 25 Millionen Jahre alten Spaltenfüllung aus dem Oligozän und wird *Oligopetes* genannt. Flughörnchen sind nachts aktiv und können mit Hilfe von zwischen den Vorder- und Hinterbeinen gespannten Flughäuten kurze Strecken segeln, nachdem sie von einem Baum gesprungen sind.

Die ältesten Rüsseltiere sind die sogenannten „Hauer-Elefanten" oder Dinotherien (auch Deinotherien genannt). Der Name „Hauer-Elefant" bezieht sich auf die kräftigen Stoßzähne im Unterkiefer, die nach unten und hinten gekrümmt waren. Der wissenschaftliche Name *Dinotherium* (oder

Deinotherium heißt zu deutsch „Schreckenstier". Die älteste Art dieser Rüsseltiere war das im Miozän vor etwa 22 Millionen Jahren existierende *Dinotherium bavaricum,* das nicht nur – wie man wegen seines Artnamens meinen könnte – in Bayern, sondern auch in anderen Teilen Mitteleuropas sowie in Afrika und Vorderasien verbreitet gewesen ist.

Der älteste Otter war der im Miozän vor etwa 20 Millionen Jahren in Europa heimische *Potamotherium.* Fossilien dieses maximal 1,50 Meter langen Tieres wurden in Frankreich und Deutschland gefunden. *Potamotherium* gilt wegen seines stromlinienförmigen Körpers und der biegsamen Wirbelsäule als guter Schwimmer.

Die ersten Menschenaffen erschienen im Miozän vor etwa 20 Millionen Jahren in Afrika. Zu den frühesten Formen in Afrika gehört der Menschenaffe *Proconsul,* der als Vorfahre des Gorillas diskutiert wird. Er ging meistens auf vier Beinen, konnte sich aber kurzfristig auch auf zwei Beinen fortbewegen. In Asien gelten die ab etwa 15 Millionen Jahren nachweisbaren Gattungen *Sivapithecus* und *Ramapithecus* als früheste Menschenaffen. *Ramapithecus* wurde früher wegen seines menschenähnlichen Gebisses als Stammvater der Menschenartigen angesehen. Später erkannte man, daß er mehr mit dem Orang-Utan verwandt ist als mit Menschen. Die Menschenaffen sind höher entwickelt

Lebensbild des Hauer-Elefanten oder Rhein-Elefanten Deinotherium, Zeichnung des Berliner Tiermalers Heinrich Harder (1858–1935)

als Halbaffen und Affen. Sie haben beispielsweise ein größeres Gehirn und ein haarloses Gesicht, mit dem sie ihre augenblickliche Stimmung ausdrücken können.

Die ersten Bären der Gattung Ursavus lebten im Miozän vor etwa 20 Millionen Jahren. Sie hatten nur die Größe heutiger Wölfe, die etwa 1,20 Meter lang und 85 Zentimeter hoch werden.

Das kleinste Wildschwein lebte im Miozän vor etwa 20 Millionen Jahren in den Sumpfwäldern Europas. Die ausgewachsenen Exemplare dieser Gattung, die *Choeritherium* oder *Taucanamo* genannt wird, erreichten nur die Größe heutiger Ferkel.

Die kleinsten Nashörner trabten im Miozän vor etwa 20 Millionen Jahren in Europa. Sie waren nur ungefähr 85 Zentimeter groß, wie ein bereits 1911 in Budenheim bei Mainz entdecktes Skelett zeigt. Der Fund heißt *Dicerorhinus tagicus moguntianus*. Dieses hornlose Nashorn gilt als Vorläufer des heutigen Sumatra-Nashorns *(Dicerorhinus sumatraensis)*, das eine Schulterhöhe von maximal 1,50 Meter erreicht.

Als das erste Gras fressende Urpferd gilt das schafgroße, etwa 1 Meter hohe *Merychippus* aus Nordamerika, das im Miozän vor etwa 20 Millionen Jahren existierte. Die Umstellung von der weichen Blätternahrung zur harten Grasnahrung ließ sich am Bau der Zähne feststellen. Das hochkronige Gebiss von *Merychippus* eignete sich besser für den Verzehr von zähen Gräsern als die niedrigkronigen Zähne seiner Vorgänger. Gras ist nämlich durch Kieselsäureeinlagerungen härter als Laub und nutzt die Zähne stärker ab. *Merychippus* hatte einen längeren Hals als seine Vorfahren. Seine Füße hatten drei Zehen, das Körpergewicht lastete jedoch nur jeweils auf der mittleren. Die beiden seitlichen Zehen reichten nicht mehr bis zum Erdboden.

Der älteste Menschenaffenfund aus Deutschland wurde 1898 aus rund 15 Millionen Jahre alten Ablagerungen von Stätzling bei Augsburg in Bayern gemeldet. Dort hatte man einen Unterkieferrest des gibbongroßen Menschenaffen *Pliopithecus antiquus* entdeckt.

Die ältesten Verwandten von Giraffen kamen im Miozän vor etwa 15 Millionen Jahren in Deutschland vor. Dieses *Palaeomeryx* genannte Tier hatte etwa die Größe von heutigen Rothirschen. An Skelettresten dieser Tierart aus China ist ersichtlich, daß die männlichen Exemplare von *Paleomeryx* auf dem Schädel knöcherne Fortsätze trugen. *Palaeomeryx* hielt sich im Wald auf und ernährte sich dort von Blättern.

Der jüngste Fund einer Beutelratte in Europa stammt aus dem Miozän vor etwa 13 Millionen Jahren und gelang in Oggendorf bei Augsburg in Bayern. Es

*Lebensbild von Säbelzahnkatzen der Gattung Machairodus,
Zeichnung von F. John um 1906*

handelte sich um einen Backenzahn. Heute kommen Beutelratten nur noch in Amerika, Australien und auf benachbarten Inseln vor.

Die größte Raubkatze im Miozän vor etwa 10 Millionen Jahren in Deutschland war die Säbelzahnkatze *Machairodus aphanistus*. Das ungefähr löwengroße Tier erreichte eine Schulterhöhe von rund 1,10 Meter und eine Kopfrumpflänge (ohne Schwanz) von ca. 2 Metern. Den Gattungsnamen *Machairodus* („Schlachtmesserzahn") prägte der Darmstädter Zoologe Johann Jakob Kaup (1803–1973), als er 1832 einen oberen Eckzahn (Fangzahn oder Caninus) wissenschaftlich beschrieb. Das Fossil stammte aus Ablagerungen des Ur-Rheins von Eppelsheim bei Alzey in Rheinhessen.

Der historisch erste Fund eines fossilen Menschenaffen glückte 1820 bei Eppelsheim in Rheinland-Pfalz. Damals wurde der etwa 28 Zentimeter lange Oberschenkelknochen des Menschenaffen *Dryopithecus fontani* entdeckt. Er lebte im Miozän vor etwa 10 Millionen Jahren am Urrhein und erreichte bei aufgerichteter Körperhaltung eine Höhe von etwa 1,20 Meter.

Das größte Kamel existierte im Pliozän vor weniger als 5,3 Millionen Jahren in Nordamerika. Es hatte eine Schulterhöhe von etwa 3,50 Meter und heißt *Titanotylopus*. Vielleicht trug dieses Riesenkamel noch keinen Fetthöcker.

Letzterer ist eine Anpassung an die Nahrungsmittel- und Wasserknappheit in besonders trockenen Lebensräumen.

Die ältesten Reste von Flußpferden in Deutschland wurden in mindestens 1 Million Jahre alten Schichten der Werra bei Untermaßfeld nahe Meiningen (Thüringen) entdeckt. Sie stammen aus dem Bavelium, einem klimatisch milden Abschnitt des Eiszeitalters. Geologisch jünger sind Flußpferdreste aus dem Rhein. Die ältesten davon werden in das Cromer vor mehr als 500.000 Jahren datiert. Die letzten Flußpferde im Rhein gab es in der Eem-Warmzeit vor etwa 120.000 Jahren.

Der erste fossile Nachweis eines Pumas in Deutschland gelang bei Untermaßfeld nahe Meiningen in Thüringen. Er stammt aus dem Bavelium, einem Abschnitt des Eiszeitalters vor mindestens 1 Million Jahren, und wurde in Ablagerungen der Werra geborgen. Zum Fundgut von dort gehören auch Dolchzahnkatze *(Megantereon cultridens adroveri)*, Säbelzahnkatze *(Homotherium crenatidens)*, Europäischer Jaguar *(Panthera onca gombaszoegensis)*, Luchs *(Lynx issiodorensis)* und Hyäne *(Pachycrocuta brevirostris)*.

Der älteste Fund von einem Gepard in Deutschland glückte bei Untermaßfeld nahe Meiningen in Thüringen. Es handelt sich um den mindestens 1 Million Jahre alten Schädel der Unterart *Acinonyx pardinensis pleistocaenicus* aus dem

Lebensbild des Mosbacher Löwen
(Panthera leo fossilis)
aus dem Eiszeitalter,
Zeichnung von Shuhei Tamura

Bavelium. Er kam in Ablagerungen der Werra zum Vorschein.

Das älteste Fossil eines Löwen in Europa wurde in Isernia bei Molise (Süditalien) entdeckt. Er stammt aus dem Eiszeitalter vor rund 700.000 Jahren. Es handelt sich um einen Fund von *Panthera leo fossilis*.

Die ältesten und größten Löwen Deutschlands jagten während der Cromer-Warmzeit vor mehr als 500.000 Jahren bei Wiesbaden in Hessen und bei Heidelberg in Baden-Württemberg. Die Cromer-Warmzeit ist nach einem englischen Fundort benannt. Die Löwen aus der Wiesbadener und Heidelberger Gegend waren fast so lang wie die größten Löwen der Erdgeschichte in Kalifornien vor mehr als 12.000 Jahren, die eine Rekordlänge von maximal 3,60 Meter erreichten. Der wissenschaftliche Name der vor über einer halben Million Jahren in Deutschland lebenden Löwen lautet *Panthera leo fossilis*. Skelettreste dieser Raubkatzen werden im Naturhistorischen Museum Mainz und im Geologisch-Paläontologischen Institut der Universität Heidelberg aufbewahrt. Zeitgenossen jener Löwen waren Säbelzahnkatzen, Jaguare und Geparde.

Die größten eiszeitlichen Säbelzahnkatzen Europas existierten zwischen etwa 1 Million und 300.000 Jahren im Eiszeitalter. Ihre Art wird *Homotherium crenatidens* genannt. Sie war bis zu 1,90 Meter lang und 1 Meter hoch.

Homotherium crenatidens hatte einen großen und schweren Kopf, zwei mehr als fingerlange Reißzähne im Oberkiefer, einen gedrungenen Körper und kräftige Beine.

Die größten und schwersten Geparde streiften im Eiszeitalter zwischen etwa 1 Million und 500.000 Jahren durch Europa. Nach ihren Skelettresten zu schließen, waren diese Raubkatzen der Art *Acinonyx pardinensis* größer und schwerer als heutige asiatische und afrikanische Geparde, die einen 1,35 Meter langen Körper und einen bis zu 75 Zentimeter langen Schwanz haben.

Als einer der größten Wölfe gilt der im Eiszeitalter vor mehr als 500.000 Jahren in Deutschland existierende *Xenocyon*. Skelettreste von ihm wurden in der Gegend von Wiesbaden in Hessen und von Würzburg in Bayern entdeckt.

Die größten Elefanten sind die Waldelefanten und Steppenmammute im Eiszeitalter gewesen. Sie hatten eine Schulterhöhe von maximal 4,50 Meter. Die Laub fressenden Waldelefanten lebten in Warmzeiten des Eiszeitalters. Die Gräser, Moose und Flechten verzehrenden Steppenmammute dagegen behaupteten sich in Kaltzeiten und hatten vermutlich ein Fell. Besonders große Bullen der Steppenmammute trugen bis zu 4,50 Meter lange Stoßzähne.

Die ältesten Rehe in Mitteleuropa wurden 1956 nach Skelettresten aus

Lebensbild der Säbelzahnkatze (Homotherium) aus dem Eiszeitalter, Zeichnung von Shuhei Tamura

Süßenborn bei Weimar in Thüringen beschrieben. Sie sind etwa 400.000 Jahre alt und stammen aus einer Kaltzeit des Eiszeitalters.

Die ältesten Funde von Moschusochsen in Deutschland werden in die Mindel-Eiszeit vor etwa 400.000 Jahren datiert und heißen *Praeovibos schmidtgeni*. Die Moschusochsen sind keine Rinder, sondern Wildschafe, die eine Höhe von maximal 1,40 Meter und eine Länge von 2,45 Meter erreichen. Im Winter hängen ihre langen Haare bis zum Boden.

Die ältesten Wasserbüffel Deutschlands haben in der Holstein-Warmzeit vor etwa 300.000 Jahren gelebt. Diese Art wird nach dem Fundort Steinheim an der Murr in Baden-Württemberg *Bubalus murrensis* genannt. Auch in anderen Gegenden Deutschlands wurden Reste von Wasserbüffeln entdeckt, bei einigen von ihnen ist das geologische Alter jedoch umstritten. Sie können auch in der Eem-Warmzeit vor etwa 120.000 Jahren gelebt haben.

Die meisten Löwenfunde in Europa stammen von eiszeitlichen Höhlenlöwen *(Panthera leo spelaea)*. Skelettreste dieser bis zu 2,30 Meter langen und 90 Zentimeter hohen Raubkatzen wurden in Frankreich, Deutschland, Holland, England, der Schweiz, Österreich und in Tschechien häufig gefunden. Der Höhlenlöwe ist 1810 nach einem Schädelfund aus der Burggaillenreuther

Zoolithenhöhle bei Muggendorf in Oberfranken (Bayern) erstmals beschrieben worden. In Mitteleuropa starben die Höhlenlöwen vor mehr als 12.000 Jahren aus, auf dem Balkan behaupteten sie sich bis vor etwa 2000 Jahren. Höhlenlöwen sind auf eiszeitlichen Kunstwerken abgebildet.

Die kleinsten Elefanten in Mitteleuropa waren die eiszeitlichen Wollhaar-Mammute. Die Art *Mammuthus primigenius* erreichte mit einer Schulterhöhe von etwa 3 Metern nicht einmal die Maße des heutigen Afrikanischen Elefanten *(Loxodonta africana)*. Begriffe wie Mammutprogramm, Mammutprojekt oder Mammutsitzung im Sinne von etwas besonders Großem sind also fehl am Platze. Die Mammute erschienen vor etwa 250.000 Jahren in Mitteleuropa, wo sie gegen Ende des Eiszeitalters vor rund 12.000 Jahren ausstarben. Auf der zu Rußland gehörenden Wrangelinsel im Arktischen Ozean behaupteten sie sich bis vor etwa 4.000 Jahren. Wollhaar-Mammute sind durch ein dichtes Fell mit bis zu 35 Zentimeter langen Wollhaaren und darüber liegenden Deckhaaren gut gegen Kälte geschützt gewesen. Außerdem hatten sie eine 3 Zentimeter dicke Haut und eine dicke Fettschicht. Ihre Stoßzähne waren bis zu 4 Meter lang und wogen pro Exemplar 3 Zentner. Damit konnten sie den Schnee wegschaufeln, um an die darunter befindliche pflanzliche Nahrung zu gelangen. Über das Aussehen der Mammute weiß man gut Bescheid,

Lebensbild eines Waldelefanten (Elephas antiquus) aus dem Eiszeitalter, Zeichnung von „DFoidl" bei „Wikipedia"

*Wandbild eines Steppenmammuts in der alten Ausstellung
des „Naturhistorischen Museum Mainz"*

Lebensbild des Mammuts (Mammuthus primigenius),
Zeichnung des Berliner Tiermalers Heinrich Harder (1858–1935)

*Lebensbild des Höhlenlöwen (Panthera leo spelaea) mit Beutetier,
Zeichnung des Berliner Tiermalers Heinrich Harder (1858–1935)*

Lebensbild des Fellnashorns (Coelodonta antiquitatis),
Zeichnung des Berliner Tiermalers Heinrich Harder (1858–1935)

weil in Sibirien und Alaska insgesamt mehr als 40 Kadaver im Dauerfrostboden geborgen wurden.

Die meisten Nashornfunde in Europa stammen vom eiszeitlichen Fellnashorn *(Coelodonta antiquitatis),* das sich zwischen etwa 250.000 und 12.000 Jahren behauptete. Dieses Tier war maximal 1,60 Meter hoch und etwa 3 Meter lang. Auf der Nase trug es ein bis zu 1 Meter langes Horn, das zweite auf der Stirn war etwas kürzer. Von Fellnashörnern konnten im Dauerfrostboden Sibiriens sogar Kadaver mit Fleisch, Haut und Haaren geborgen werden. Skelettreste von Fellnashörnern wurden im Mittelalter häufig Drachen zugeschrieben. So diente beispielsweise ein 1335 bei Klagenfurt in Österreich entdeckter Schädel eines Fellnashorns 1590 als Vorbild für den Drachenkopf des Lindwurmbrunnens in Klagenfurt.

Als größter Hirsch gilt der bis zu 2,50 Meter lange Europäische Riesenhirsch *(Megaloceros),* der vor etwa 120.000 Jahren in Europa und Asien weit verbreitet war. Dieses Tier trug ein Geweih mit einer Spannweite bis zu 3,70 Meter und einem Gewicht von mehr als 1 Zentner, was etwa einem Drittel seines Gesamtgewichtes entsprach.

Der größte Löwe war der Amerikanische Höhlenlöwe *(Panthera leo atrox),* der gegen Ende des Eiszeitalters vor mehr als 12.000 Jahren in Kalifornien jagte.

Diese Raubkatze maß vom Kopf bis zur Schwanzspitze maximal 3,70 Meter. Davon entfielen etwa 2,40 Meter auf den Körper und mindestens 1,20 Meter auf den Schwanz. Zum Vergleich: die größten in der Zeit von 1700 bis heute erlegten Löwen aus Südafrika (Kapland) erreichten nur eine Gesamtlänge von 3,25 Meter und in Ostafrika von 3,33 Meter. Die Amerikanischen Höhlenlöwen hatten gegenüber normalen Löwen einen um einen halben Meter längeren Körper. Skelettreste von dieser gewaltigen Raubkatze wurden vor allem in der Gegend von Los Angeles (Rancho La Brea) geborgen.

Die ältesten Löwenspuren Europas wurden 1992 bei Baggerarbeiten für ein neues Klärwerk an der Emscher bei Bottrop in Nordrhein-Westfalen entdeckt. Die zehn Meter lange Fährte stammt von einem Höhlenlöwen aus der Würm-Eiszeit und entstand vor schätzungsweise 50.000 Jahren. Sie wird aus 32 Pfotenabdrücken gebildet und von Pferde- und Wisentspuren gekreuzt.

Die meisten Skelettreste von eiszeitlichen Höhlenbären *(Ursus spelaeus)* wurden in der Drachenhöhle von Mixnitz in der Steiermark (Österreich) gefunden. Darin barg man Knochen von mehr als 30.000 Höhlenbären, die dort im Laufe von Jahrtausenden gestorben waren. Die kräftigen Höhlenbären erreichten in aufgerichtetem Zustand eine Höhe von bis zu 2 Meter. Auch in deutschen Höhlen wurden beachtliche

Mengen von Höhlenbärenknochen entdeckt. So hat man beispielsweise in der Petershöhle bei Velden in Mittelfranken (Bayern) die Reste von mindestens 1500 Höhlenbären geborgen

Die kleinsten Elefanten waren die lediglich 1 Meter Schulterhöhe erreichenden Zwergelefanten auf den Mittelmeerinseln Kreta, Zypern, Malta und Sizilien. Bei ihnen handelt es sich um Nachkömmlinge von Waldelefanten, die sich während kalter Klimaphasen des Eiszeitalters ins Mittelmeergebiet zurückgezogen hatten. Dort wurde ein Teil von ihnen in Warmzeiten durch Ansteigen des Meeresspiegels auf einigen Inseln isoliert und verkümmerte allmählich. Zwergelefanten sind im Frankfurter Senckenberg-Museum zu sehen.

Als größtes Faultier gilt das vor etwa 10.000 Jahren in Amerika ausgestorbene *Megatherium*. Es war größer als ein heutiger Elefant und konnte sich 6 Meter hoch aufrichten, um Blätter von den Bäumen zu fressen.

Lebensbild des Faultieres (Megattherium), Zeichnung des Berliner Tiermalers Heinrich Harder (1858–1935)

Literatur

CALDER, Nigel: Chronik des Kosmos, Frankfurt/Main 1984

CHARIG, Alan: Dinosaurier. Rätselhafte Riesen der Vorzeit (übersetzt von Rupert Wild), Hamburg 1982

COX, Barry / DIXON, Dougal / GARDINER, Brian / SAVAGE, R.J.G: Dinosaurier und andere Tiere der Vorzeit. Die große Enzyklopädie der prähistorischen Tierwelt, München 1989

HAUBOLD, Hartmut: Die Dinosaurier, Wittenberg 1989

HEIMER, Stefan: Wunderbare Welt der Spinnen, Hannover 1988

KÖNIGSWALD, Wighart von / HAHN, Joachim: Jagdtiere und Jäger der Eiszeit, Stuttgart 1981

KAHLKE, Hans-Dietrich: Das Eiszeitalter, Leipzig 1981

KRUMBIEGEL, Günter / RÜFFLE, Ludwig / HAUBOLD, Hartmut: Das eozäne Geiseltal, Wittenberg 1983

MÄGDEFRAU, Karl: Paläobiologie der Pflanzen, Jena 1968

MUNDLOS, Rudolf: Wunderwelt in Stein. Fossilfunde – Zeugen der Urzeit, Gütersloh 1976

PROBST, Ernst: Deutschland in der Urzeit, München 1986

PROBST, Ernst: Deutschland in der Steinzeit, München 1991

PROBST, Ernst: Der Ur-Rhein. Rheinhessen vor zehn Millionen Jahren, München 2008

PROBST, Ernst: Höhlenlöwen. Raubkatzen im Eiszeitalter, München 2009

PROBST, Ernst: Säbelzahnkatzen. Von Machairodus bis zu Smildon, München 2009

PROBST, Ernst: Eiszeitliche Raubkatzen in Deutschland, München 2011

PROBST, Ernst: Das Mammut, München 2014

PROBST, Ernst / WINDOLF, Raymund: Dinosaurier in Deutschland, München 1993

STEINER, Walter: Die große Zeit der Saurier, Leipzig 1986

WINDOLF, Raymund: Dinosaurier-Lexikon, Korb 1989

WOLF, Hans W.: Schätze im Schiefer. Faszinierende Fossilien aus der Grube Messel, Braunschweig 1988

*Lebensbild des Europäischen Riesenhirsches (Megaloceros),
Zeichnung von Pavel Riha bei „Wikipedia"*

Bildquellen

Autor Ernst Probst

DER AUTOR

Ernst Probst, geboren am 20. Januar 1946 in Neunburg vorm Wald im bayerischen Regierungsbezirk Oberpfalz, ist Journalist und Buchautor. Er arbeitete von 1968 bis 1971 bei den „Nürnberger Nachrichten", von 1971 bis 1973 in der Zentralredaktion des „Ring Nordbayerischer Tageszeitungen" in Bayreuth und von 1973 bis 2001 bei der „Allgemeinen Zeitung", Mainz. Von 2001 bis 2006 war er zunächst als Buchverleger und später auch weltweit als Fossilien- und Antiquitätenhändler aktiv.

In seiner Freizeit schrieb Ernst Probst vor allem populärwissenschaftliche Artikel für die „Frankfurter Allgemeine Zeitung", „Süddeutsche Zeitung", „Die Welt", „Frankfurter Rundschau", „Neue Zürcher Zeitung", „Tages-Anzeiger", Zürich, „Salzburger Nachrichten", „Oberösterreichische Nachrichten", Linz, „Die Zeit", „Rheinischer Merkur", „Deutsches Allgemeines Sonntagsblatt", „bild der wissenschaft", „kosmos", „Deutsche Presse-Agentur" (dpa), „Associated Press" (AP) und den „Deutschen Forschungsdienst" (df).

Aus der Feder von Ernst Probst stammen zahlreiche Beiträge der Buchreihe „Geschichten, die die Forschung schreibt" sowie die Bücher „Deutschland in der Urzeit" (1986), „Deutschland in der Steinzeit" (1991), „Rekorde der Urzeit" (1992), „Dinosaurier in Deutschland" (1993 zusammen mit Raymund Windolf) und „Deutschland in der Bronzezeit" (1996). Von 1986 bis heute veröffentlichte Probst mehr als 300 Bücher, Taschenbücher und Broschüren sowie über 300 E-Books. Er befasst sich vor allem mit Themen aus den Bereichen Paläontologie, Geologie, Zoologie, Kryptozoologie, Archäologie und Geschichte.

Lebensbild eines Wollhaar-Mammuts (Mammuthus primigenius)
eines unbekannten Künstlers von 1872
aus dem Buch „Das Mammut" (2014) von Ernst Probst

BÜCHER VON ERNST PROBST

Dinosaurier von A bis K

Dinosaurier von L bis Z

Der Ur-Rhein

Deutschland im Eiszeitalter

Das Mammut

Der Höhlenbär

Höhlenlöwen. Raubkatzen im Eiszeitalter

Säbelzahnkatzen. Von Machairodus bis zu Smilodon

Rekorde der Urzeit
Landschaften, Pflanzen und Tiere

Johann Jakob Kaup
Der große Naturforscher aus Darmstadt

Tiere der Urwelt
Leben und Werk des Berliner Malers Heinrich Harder

Bestellungen bei: www.grin.com

BÜCHER VON ERNST PROBST

BÜCHER VON DORIS PROBST

Weisheiten und Torheiten über das Alter

Weisheiten und Torheiten über die Arbeit

Weisheiten und Torheiten über die Ehe

Weisheiten und Torheiten über Frauen

Weisheiten und Torheiten über Kinder

Weisheiten und Torheiten über die Liebe

Weisheiten und Torheiten über Männer

Weisheiten und Torheiten über Mütter

Der Ball ist ein Sauhund
Weisheiten und Torheiten über Fußball
(zusammen mit Ernst Probst)

Worte sind wie Waffen
Weisheiten und Torheiten über die Medien
(zusammen mit Ernst Probst)

Bestellungen bei: www.grin.com